国家自然科学基金(40904009,41374126)资助

井间地震高分辨率数值模拟方法及波场特征研究

李桂花　　林年添　　杨思通

朱光明　　王守进　　谭　凯

著

中国矿业大学出版社

内 容 提 要

本书介绍了几种数值模拟方法,包括射线追踪法、时间—空间域交错网格高阶有线差分方法以及频率—空间域25点有限差分法等,并在此基础上通过对声波、弹性各向同性、弹性各向异性及黏弹性各向同性及黏弹性各向异性介质模型井间地震波场进行了模拟,对井间地震勘探中地震波传播规律及井间地震波场特征进行了分析研究。

本书可供地球探测与信息技术、地球物理学、勘查技术与工程等相关专业的技术人员以及大专院校相关专业的师生作为参考教学用书或科研参考书。

图书在版编目(C I P)数据

井间地震高分辨率数值模拟方法及波场特征研究 /
李桂花等著. — 徐州：中国矿业大学出版社,2017.5
ISBN 978 - 7 - 5646 - 3540 - 4

Ⅰ.①井… Ⅱ.①李… Ⅲ.①井间地震—高分辨率—
数值模拟—研究②井间地震—地震波场—研究 Ⅳ.
①P631.8

中国版本图书馆 CIP 数据核字(2017)第 114068 号

书　　名	井间地震高分辨率数值模拟方法及波场特征研究
著　　者	李桂花　林年添　杨思通　朱光明　王守进　谭　凯
责任编辑	杨　洋
出版发行	中国矿业大学出版社有限责任公司
	（江苏省徐州市解放南路　邮编 221008）
营销热线	(0516)83885307　83884995
出版服务	(0516)83885767　83884920
网　　址	http://www.cumtp.com　E-mail:cumtpvip@cumtp.com
印　　刷	江苏凤凰数码印务有限公司
开　　本	787×1092　1/16　印张 8.75　插页 10　字数 230 千字
版次印次	2017 年 5 月第 1 版　2017 年 5 月第 1 次印刷
定　　价	38.00 元

（图书出现印装质量问题,本社负责调换）

前　言

本书由国家自然科学基金委员会资助出版,基金项目编号为 40904009 和 41374126。

井间地震目前已经成为油藏综合地球物理的重要组成部分,井间地震由于其独特的观测系统,其地震波场十分丰富且非常复杂,所以利用数值模拟方法模拟生成井间地震的地震波场,是识别井间地震野外观测到的复杂波场,分析各种波的传播特征,为井间地震资料采集设计、处理、解释以及应用提供重要的保证,是发展井间地震技术的基础,具有重要的意义。

全书共分为 5 章,详细地论述了弹性各向同性、各向异性、黏弹介质情况下井间地震波场的数值模拟方法,包括基于射线理论的突变点加插值的射线追踪井间地震波场数值模拟方法,基于波动方程的弹性各向异性介质和黏弹性介质交错网格高阶有限差分数值模拟方法,弹性和黏弹性介质频率空间域 25 点有限差分井间地震波场数值模拟方法。第 1 章绪论,主要讲述开展井间地震高分辨率数值模拟方法及波场特征研究的目的、意义。第 2 章井间地震波场数值模拟的射线法,用改进的突变点加插值射线追踪方法,模拟井间地震观测的主要类型的波。以此为基础研究井间地震波场的特征,并结合简单模型的解析解,系统地总结了井间地震共炮点、共接收点、共偏移距、共中心深度点 4 种不同道集中主要类型波的时深关系。并在研究单层模型、多层模型、断层模型的井间地震波场的基础上,根据某地区的测井曲线建立地质模型,对比分析、识别、解释了野外实际观测的井间地震的波场。第 3 章井间地震波场数值模拟的时间—空间域交错网格高阶有限差分法,详细给出了 VTI 介质时间—空间域交错网格弹性波方程有限差分和时间—空间域交错网格黏弹性波动方程方程有限差分方法的差分系数和差分格式的公式推导,分析了 VTI 介质弹性波的波动特征,并通过建模以及对实际井间地震记录的正演模拟,对井间地震的波场特征作了详细分析。第 4 章井间地震波场模拟的频率—空间域 25 点优化差分方法,本章详细介绍了准 P 波波动方程频率空间域有限差分数值模拟和加黏滞衰减系数的准 P 波波动方程频率空间域数值模拟解法,并根据特征分析方法与 Christoffel 方程推导准 P 波波动方程有限差分解法的吸收边界条件。第 5 章结束语。

　　本书是由李桂花主笔撰写,林年添和王守进撰写了第 3 章第 1 节,杨思通撰写了第 3 章第 5 节。朱光明教授对本书做了大量的指导和修改。在本书的成稿及数值模拟程序编写过程中得到了张文波高级工程师、吴国忱教授、冯建国博士的帮助,山东科技大学的研究生谭凯、马欣,王景琦等也帮忙作了图件及文字上的修改,笔者一并对他们表示深深的谢意。

　　由于作者水平有限,书中难免有疏漏与不足之处,敬请读者批评指正。

作　者

2016 年 10 月

目 录

1　绪　　论

1.1　研究目的和意义

　　井间地震是将震源、检波器分别放置在相邻的两口井中,在目的层内部或目的层附近,一口井激发地震波,另一口井观测接收地震波,通过对所记录的地震波的走时、振幅和频率等信息的处理,结合测井、地质和地面地震等资料的综合分析,得到地下两井之间储层和地质体的精细构造形态和有关物性的空间分布的图像的一种新技术[1]。井间地震与地面地震相比,其主要优点是:因为井间地震激发和接收都在地下,可以避开地表表层低速带对高频成分的吸收衰减,井间地震波传播的距离比地面地震波传播的距离短,使井间地震观测到的地震波的分辨率比地面地震分辨率高 1～2 个数量级,从而可以对比追踪小层,对井间小断层和小构造进行精细成像,并能较精细地提取属性[2]。除此之外,井间地震可以方便地观测到多种类型的波[3],几乎包含了地震技术的所有地震波类型,如直达波、管波、上行反射波、下行反射波、导波、转换波、绕射波和折射波,波场非常复杂。井间地震的复杂波场一方面能为我们提供丰富的信息,另一方面也给波场的识别和分离带来了困难;识别井间地震观测到的复杂波场,分析井间地震资料上各种主要波场的传播特征是井间地震资料采集设计、处理、解释以及井间地震资料利用的前提。

　　如何研究井间地震波场的传播规律呢? 一般来说,研究地震波场有四种途径,即理论研究、物理模拟试验研究、数值模拟研究和野外实际观测研究。实际观测数据是研究的基础,理论方法是研究的本质,然而只有极少数的简单波场模型才可能求得解析解,绝大部分模型都没有解或求不出解[4]。地震波数值模拟方法虽然得到的是解析解的一种近似,但对于大多数复杂的介质模型都可能有解,因此各种数值模拟方法的研究在地震波传播规律的研究中占非常重要的地位,并被普遍应用[5]。多年来,地震波数值模拟方法已有很多学者进行了研究,研究的方法也有很多种,但是由于井间地震的波场具有与地面地震不同的特点,数值模拟方法也有不同的重点。例如,井间地震波场分辨率高,要求精细地模拟[6];波场复杂,要求多波多分量观测和模拟,波场的各向异性明显,要考虑波场的各向异性[7];为了更真实地模拟出符合实际资料的地震合成记录,还要求考虑非弹性衰减,考虑多孔介质情况下的波场等。因此,本项目重点是精细地研究各向异性、非弹性介质情况下井间地震波场的数值模拟方法。当然,各向异性、非弹性、孔隙流体这些实际介质中波的传播问题也是当前包括地面地震在内的地震波传播问题研究的热点。我们的研究对于更广泛的地震波问题同样也是适用的。所以,研究井间地震波的传播规律和波场变化特征,是发展井间地震技术的基础,具有重要的理论意义和实用价值。并且可以在深度域比较直接地查明各种波的生成、演化和发展的历史,以及它们之间的相互关系,从而方便地实现多波多分量调查,实现井下、地面的地质和地球物理的综合解释。

1.2　研究内容

本书研究的内容包括两方面:一是井间地震波场数值模拟方法的研究;二是井间地震波传播规律及波场特征的研究。

地震波场数值模拟的方法有很多种,本书主要研究适用于井间地震波场分析的一些主要的数值模拟方法,包括基于射线理论的突变点加插值带衰减的射线追踪井间地震波场数值模拟方法,基于波动方程的各向异性弹性介质和黏弹性介质交错网格高阶有限差分井间地震波场数值模拟方法和弹性和黏弹性介质频率空间域有限差分井间地震波场数值模拟方法。研究它们的原理、特点、实现方法、适用条件和模拟的结果。另外,要对模拟结果进行分析,即根据对数值模拟方法生成的波场的分析对实际井间地震波场特征进行研究,研究井间地震波场的空间分布和随时间变化的规律,包括波的运动学变化规律和动力学变化规律。

1.3　国内外研究现状及分析

国外井间地震的应用首先见于 Fesseden(1917)注册的专利,当时井间地震观测的目的是用于确定金属矿体在地下的位置与分布范围。20 世纪 60 年代初期,美国为了检测盐丘的弹性,寻找和确定适合于原子弹爆炸的地点,进行了井间地震试验[8]。70 年代,井间地震技术开始进入石油勘探领域,当时记录下的有效信息主要是初至波旅行时[9]。在 80 年代,井间地震的实验研究形成了一个高潮,很多大学和石油公司竞相开展井间地震的试验和研究,但短期内井间地震未能收到成效,因此得出结论认为井间地震得不偿失,导致一些石油公司退出和停止井间地震的试验研究,形成研究的低潮。但是,井间地震在理论和方法方面潜在的优势以及井间地震可以得到极高分辨率数据的诱人前景,使人们不愿放弃这种新技术的研究。所以 80 年代后期至 90 年代,井间地震研究并没有停止,关键装备和方法技术仍然在发展[10,11]。

同时,国内外学者对于井间地震波场的数值模拟方法已经做过不同层次和不同侧面的研究:E. Asakawa(1993)提出一种称为旅行时线性插值的初至波射线追踪方法,用于井间数据的层析成像(CT)[3]。James W. Rector 等(1994)对于简单地层模型,用 Sierra Geophysics 的模拟软件 VESPA 计算了井间地震的合成记录,分析了井间地震共炮点道集,共检波点道集,共炮检距道集中的直达波、反射波和多次反射波的时距关系,但文中没有涉及横波和转换波的模拟[4]。Mark van Schaack 等(1995)用三维波动方程对一维水平层状介质中传播的井间地震弹性波场的径向单分量记录作数值模拟[5]。在一维水平层状介质中,三维偏微分方程简化为频率波数域的常微分方程,使计算变得简单容易。依据测井曲线建模正演模拟的结果识别出实际井间地震记录上多种类型的波。在这个简单模型中,只模拟了各向同性介质和单分量记录,没有考虑各向异性,没有模拟三分量记录的波场。杜光升(2000)用二维声波方程四阶有限差分格式和二阶的自动校正吸收边界条件,对井间地震波场进行了数值模拟[6];孔庆丰(2006)利用声波方程建立井间波场数值模拟的计算公式,选取一对实际井的声波测井资料建立速度模型,进行井间数值模拟,研究上行、下行反射和直达波的时距特征[7];何惺华(2003,2005)用射线模型和波动方程有限差分法生成的合成记录,分析了井间地震中的横波信息,以及井间地震中反射波特别是广角反射的振幅特征[8-9]。杜世通(2004)给出了用于井间地震数据模拟和偏移的有限单元波动方程数值解模型,提出了适用于该算法的吸收边界条件,得到了可靠的数值解[10]。上述论文对于认识井间地震观测的波场有很大的意义,但论文大都重点研究声学介质和各向同性弹性介质中单分量观测的纵波,没有研究三分量观测的弹性波,也没有涉及各向异性介质中波的传播特征。

对于各向异性介质中波场传播规律的研究,一些学者已做出了重要的贡献。在国外,P. Mora(1989)、C. Tsings(1990)、H. Igel(1995)等研究了有限差分方法各向异性介质地震波正演模拟[11-13],D. Kosloff(1989)、S. P. Carcione 等(1992)研究了伪谱法各向异性介质地震波场正演[14-15]。在国内,自 1985 年以来,何樵登及张中杰等,采用有限差分法、有限元法、傅立叶变换法等对各向异性波动的正演问题进行了研究[16];牛滨华(1994,1995,1998)利用有限元方法研究了 EDA 介质中的地震波场、横波分裂现象和 P 波各向异性[17-19],侯安宁等(1995)研究了正交对称和六方对称各向异性介质中弹性波动方程交错网格高阶差分在时间和空间上的差分精度,并导出了其稳定性条件[20];张美根(2000)利用有限元方法对各向异性地震波正反演问题进行了研究[21];董良国等(2000)详细讨论了一阶弹性波方程交错网格高阶差分的解法,并给出了两个弹性介质模型的算例,同时从理论上分析了三维横向各向同性介质中一阶弹性波方程交错网格高阶差分解法的稳定性[22]。张文波(2005)利用交错网格高阶差分方程正演模拟了井间地震实际资料的双分量记录,解释了实际井间地震记录上观测到的快纵波和慢纵波,估计了沿垂直方向和水平方向速度的各向异性[23]。上述论文表明,各向异性介质交错网格高阶有限差分方法提高了波场模拟的精度,对于波动方程有限差分模拟方法以及井间波场特征的研究无疑是很大的进展,但他们还没有讨论各向异性介质中三分量波场的模拟,没有对各向异性介质井间地震观测的三分量波场进行分析。

除时间空间域正演模拟各向异性介质中的波场外,一些学者还试验了频率空间域正演模拟地震波场的方法。频率—空间域有限元解法最初由 J. Lysmer 和 L. A. Drake(1972)提出[24],之后该方法被 K. J. Marfurt(1984)发展[25]。R. G. Pratt 和 M. H. Worthington 将频率域有限差分模拟应用于井间层析反演和地震成像[26-27]。C. Shin(1996,1998)将频率域 9点和 25 点有限差分应用到 2D 标量波的正演模拟中[28-29]。吴国忱(2005,2006)将频率空间域有限差分模拟用于 VTI 介质[30-31]。为了提高差分精度,空间差分采用 25 点优化差分算子,不但能提高空间导数的计算精度,而且能有效地抑制数值频散,使每个波长所要求的最少网格点数目由以前每个波长大约 15 个网格点减少到每个波长大约 5 个网格点。频率空间域有许多优点:特别是对黏弹性介质而言,频率—空间域正演模拟比时间—空间域更容易实现,而且在频率—空间域正演模拟时,其衰减系数可以是频率的函数,实现起来方便;另外,由于各个频率片之间是独立计算的,因此频率—空间域正演模拟特别适合于并行计算。

对于黏弹性介质和实际介质中的波,J. M. Carcione(1988,1992,1995)做了大量的研究,还有很多作者对黏弹性各向异性介质中地震观测的波场进行了数值模拟[32-34],例如,I. Stekl 和 R. G. Pratt(1998)在频率域有限差分方法中利用旋转算子精确地模拟黏弹介质中井间地震波的传播[44],因为方程转到频率域成为赫姆霍茨型的方程,使得与频率有关的衰减容易用复值弹性参数表示,从而使方程简化。黏弹介质模拟的结果与声学介质模型模拟的结果对比表明,用黏弹介质模型对井间地震记录波场的模拟,不仅模拟出 5 m 和 10 m 的高速层以及小的陡倾斜的断层,还能模拟出初至后面的强振幅同相轴,解释这些同相轴可能是 P 波能量转换到 S 波形成的,声学介质模拟不出初至后面的强振幅同相轴。宋常瑜(2006)重点研究了各向同性介质中的均匀模型、含洞均匀背景模型和含洞层状模型井间地震波的黏滞衰减和散射衰减[36]。结果表明,介质的黏弹性使得振幅明显衰减、波形和相位畸变,主频向低频偏移,有效频带变窄。洞的散射波同相轴为双曲型,同相轴的曲率大于直达波的曲率,洞的散射引起直达波振幅明显衰减。这些为井间地震波场在各向异性、黏弹、孔隙介质中传播特征的研究打下了基础。

井间地震波场分辨率高,比地面地震波场高 1~2 个数量级,因此要求用高分辨率和高精度的数值模拟方法来模拟井间地震的波场[37];井间地震波场复杂,既有纵波又有横波和转换波,既有透射波又有反射波和首波,既有上行反射波,又有下行反射波,既有一次反射波,又有多次反射波,因此要求模拟三分量检波器观测的弹性波波场,模拟井间地震记录中出现的多种类型的波;井间地震中射线方向的变化范围很大,在沉积旋回型的薄互层地层中或有垂直裂缝的裂缝型地层中,井间地震的波场呈现出明显的各向异性,因此要求模拟各向异性介质中观测的地震波的传播规律;井间地震中,因为观测波场的精度高、分辨率高,以及我们希望井间地震观测的波场能用于提取属性参数,因而不能再简单地将井间的地层介质看成完全弹性的固体介质,而应把井间地层看成实际的非完全弹性介质(黏弹介质)和实际的多孔孔隙介质。

从上面的叙述可以看出,井间地震波场数值模拟需要进一步解决的几个方面:发展黏弹介质多炮多道快速井间地震数值模拟方法;高精度高分辨率地模拟复杂介质中井间地震观测的波场;模拟各向异性、黏弹、孔隙等实际介质中井间地震观测的波场;修改方程、改进算法、研究新工艺,减少数值模拟对计算机资源(内存等)的要求和提高数值模拟的效率。

1.4 研究方法和技术路线

本书研究工作的技术路线是:首先研究井间地震波场正演数值模拟方法,接着再根据模拟出的井间地震的波场,分析井间地震观测到的各种类型的波以及这些波的传播规律。

① 黏弹介质基于射线理论的突变点加插值射线追踪的井间地震波场数值模拟方法。

改进突变点加插值的射线追踪方法,使该方法适用于黏弹介质,模拟井间地震观测的主要类型的波,用这种模拟方法快速地模拟多炮激发、每炮多道接收的井间地震波场,模拟井间全空间传播的上行、下行、直达、反射、转换的 P、S、PS、SP 波,追踪各类波的射线路径,计算射线振幅和传播方向,并且按需要有控制地单个分析某个界面、某种类型波的射线路径,清楚可靠地分析这些波的生成过程和传播衰减规律。

在模拟井间地震观测的主要类型的波的基础上,研究井间地震波场的特征,结合简单模型的解析解,利用合成的记录选排为井间共炮点道集、共接收点道集、共偏移距道集和共中心深度点道集,系统地总结井间地震共炮点、共接收点、共偏移距、共中心深度点 4 种不同道集中主要类型波的时深关系,系统地分析不同道集内几种主要类型的地震波的传播特征。

在研究简单模型和复杂模型等井间地震波场的基础上,对野外观测的实际井间地震记录进行模拟,从复杂的井间地震记录中识别出井间地震实际观测到的不同类型的波场,为随后的井间地震资料处理和应用提供了依据,并对井间地震目前尚有不同看法的一些问题提出自己的观点。

② 基于波动方程的各向异性弹性介质和黏弹性介质交错网格高阶有限差分井间地震波场数值模拟方法。

在砂泥岩互层地区做井间地震观测,常遇到明显的地震波场的各向异性,这时必须用各向异性介质的模型来处理和解释井间地震观测的波场。井间地震是研究各向异性的一个很有利的手段,而井间地震的直达快横波和直达慢横波是研究 VTI 介质各向异性一个非常有用的信息。

研究交错网格高阶有限差分井间地震三分量数值模拟方法。在前人二维双分量(X 和 Z 分量)数值模拟工作为基础上,推导 Y 分量的交错网格高阶差分方程、边界条件和数值解法,从而将原来的 2D 波场数值模拟发展为 2.5 维波动方程数值模拟,真正实现各向异性介质中三分量观测的井间地震波场的数值模拟,可与实际采集的三分量记录作对比。只有在包括 Y 分量的二维三分量波场上才能更清楚地识别快纵波、慢纵波、快横波和慢横波,分析各类波的走时、传播速度和偏振特性,完善了井间地震波场的交错网格高阶有限差分数值模拟方法。

③ 基于波动理论的弹性和黏弹性介质频率空间域准 P 波有限差分井间地震波场数值模拟方法。

井间地震记录中横波的能量很强,严重干扰甚至掩盖了纵波的信息,为了更好地认识井间地震纵波波场,需要作仅存在 qP 波的各向异性介质的波场的模拟。频率域正演模拟方法被证明相对于时间域算法更易于求解,这是因为对于弹性或黏弹性波动方程来说,时间域处理需要进行卷积处理,这样会大大加大计算的复杂度,而频率域是乘因子,相对简单,更为重要的是,时间域算法的误差会逐渐累积,导致计算精度降低。在前人研究的频率空间域各向异性准 P 波波场数值模拟方法的基础上,详细推导频率空间域准 P 波波动方程及其频率空间域有限差分数值模拟中的算法公式,给出黏弹各向异性介质中的频率空间域准 P 波波动方程及其频率空间域有限差分数值模拟中的算法公式,研发弹性、黏弹性 VTI 介质中准 P 波的频率空间域数值模拟软件,将其应用于井间地震正演模拟,从而能更接近井间实际地模拟各向同性、各向异性准 P 波的波场。该方法中解决大型稀疏带状矩阵的解法以解决存储空间不够和计算时间过长的问题是该方法的关键问题。利用分块存储非零的带状矩阵,来压缩存储解决存储空间不足的问题。

1.5　研究目标

① 将突变点加插值射线追踪方法引入井间地震波场的数值模拟,使其能模拟弹性不均匀介质中井间地震观测的直达纵波、直达横波、上行反射纵波、上行反射横波、下行反射纵波、下行反射横波、P—S 转换波、S—P 转换波,还能模拟井间地震观测到的主要干扰波——井筒波;使其能多炮(几百炮)多道(几万道)连续追踪多炮激发每炮多道接收的波场;追踪各类波的射线路径,计算波沿射线的旅行时,计算射线振幅和射线出射角;同时发展配套的射线追踪软件,包括建模和绘图。

② 完善井间地震数值模拟的交错网格高阶有限差分数值模拟方法,其中理论方法的研究包括各向异性介质中传播的波动方程、交错网格高阶有限差分格式、吸收边界条件、震源函数等。软件研制包括井间地震交错网格高阶有限差分正演模拟软件和配套的各向异性介

质建模及波前快照和波场记录显示软件。

③ 将频率空间域有限差分正演模拟算法引入井间地震正演模拟。在实现中改进大型稀疏带状矩阵的解法,减少要求的存储空间,使其能在高档微机上实现。将衰减加入到各向异性黏弹介质频率空间域有限差分波动方程中,实现各向异性黏弹介质频率空间域有限差分井间地震波场的数值模拟。

④ 在射线追踪模拟多炮多道井间地震波场的基础上,在选排的共炮点道集、共接收点道集、共偏移距道集和共深度中心点道集中,系统地分析和总结 4 种道集中几种主要类型的波的时距关系,几种主要类型波的运动学特征。分析直达波记录和反射波记录,比较水平分量记录和垂直分量的记录,对层析成像和反射成像的效果,以及对诸如 45 度“牛角尖”等问题提出评价意见。

⑤ 分析交错网格高阶有限差分数值模拟方法在水平层状介质构成的横向各向同性介质中模拟的三分量记录,总结 VTI 介质井间地震记录上观测到的快纵波、慢纵波、快横波和慢横波的传播规律。分析各向异性系数与波场传播特征之间的关系。除水平层状介质外,还要对几种典型的地层结构作数值模拟,分析井间地震波场的运动学和动力学特征。

⑥ 利用频率空间域模拟方法模拟井间地震观测的几个模型,包括倾斜地层、弯曲界面地层、断层等,比较加衰减和不加衰减的模拟结果,分析加衰减和不加衰减地震波场各自的特点。

1.6　本书内容的特色与创新之处

(1) 本书内容的特色

针对井间地震高分辨率的特点,研究高精度高分辨率的各项异性介质的井间地震数值模拟方法,这些方法不仅适用井间地震的数值模拟而且也适用于一般的地面地震的数值模拟,是研究地震波传播理论的有效途径,通过模拟井间地震的记录与实际井间地震采集获得的地震三分量记录对比可以分析和识别井间地震复杂波场中的各种波,为波场分离和成像打好基础。

(2) 本书内容的创新之处

本项目主要有以下创新点:

① 将突变点加插值的射线追踪方法修改为适用于黏弹介质,使之更接近实际介质,模拟的井间地震记录更接近实际的井间地震记录,这样在多域分析井间地震的波场就更精确。

② 在交错网格高阶有限差分数值模拟方法中,推到了弹性和黏弹性介质的波动方程及差分格式和吸收衰减边界条件,研发相应的正演模拟软件,实现了弹性介质和黏弹性介质交错网格高阶有限差分二维三分量波场的数值模拟。

③ 研究各向同性介质和黏弹各向异性介质井间地震波场数值模拟的建模方法,充分利用测井资料和井间地震数据,由测井资料或 VSP 数据可以获得垂向速度 $v_p(0)$,从井间地震共炮点道集上快纵波、快横波和慢横波从震源点处到达同深度检波点的旅行时可以获得横向速度 $v_p(\pi/2)$,$v_s(0)$,$v_s(\pi/2)$,从而可以求出各向异性弹性系数 C_{11},C_{13},C_{33},C_{44},C_{66},用该建模方法建立的地质模型进行数值模拟,可以获得与实际记录波场在运动学和动力学特征方面都相当一致的三分量模拟合成记录。

④ 推导了黏弹各向异性介质中的频率空间域准 P 波波动方程及其频率空间域有限差分数值模拟中的算法公式,研发弹性、黏弹性 VTI 介质中准 P 波的频率空间域数值模拟软件,将其应用于井间地震波场正演模拟,从而能更接近井间实际地模拟各向同性、各向异性准 P 波的波场。

⑤ 在频率空间域有限差分数值模拟方法中,将大型稀疏矩阵的解法引入到每个频率片的波场求解中,并对大型稀疏矩阵的求解进一步作了改进,使解方程必需的内存数由原来的 $N_x^2 \cdot N_z^2$ 减少到 $(6N_z+7)N_x$,其中 N_x 是 X 方向的网格点数,N_z 是 Z 方向的网格点数。这就使频率空间域有限差分数值模拟方法能够在高档微机上实现。另外,在节省内存空间的同时,运算时间也缩短了大致相同的倍数。

⑥ 利用不同的数值模拟方法,获得不同的模拟结果,并与实际井间地震记录结合,系统地分析不同道集、不同介质条件下井间地震波场的各种波的类型、各种波在介质中的传播特点及其在井间地震记录上的波场特征。

2 井间地震波场数值模拟的射线法

地震波场数值模拟方法有两大类[30]：一类是以不均匀介质波动方程取高频近似为基础的射线方法；另一类是波动方程数值解方法。本章主要研究的是井间地震模拟的射线追踪方法。

2.1 射线法的基本理论

在本项目中研究了采用突变点加插值的射线追踪方法，对井间地震观测的波场作正演模拟。这种方法克服了射线追踪计算量大、耗时太长的缺点。其特点是：不用单条射线一次一次地试射打靶反复调整，而用多条射线成组地同时发射，多条射线成组地同时调整，调整的方法是对突变点（追踪不到射线的点）之间能够追踪的多条射线进行成组非线性插值，使多条射线在容许的误差范围内同时到达目标。这种射线追踪方法适用于界面任意起伏和容许有断层的复杂介质模型，也适用于既考虑纵波也考虑横波的弹性介质模型。震源可以在任意深度，因此可以追踪震源上方地层的下行反射，也可以追踪震源下方的上行反射。由射线码控制要追踪的射线类型，如直达 P 波、直达 S 波、反射 P 波、反射 S 波、PS 转换波、SP 转换波以及井筒波。在射线追踪过程中，除追踪震源点到接收点的射线路径外，还能同时考虑球面扩散，反射和透射损失，射线到达接收点的方向，计算射线振幅和相位。在计算走时和射线振幅后，通过选择子波的类型和频率可以按褶积模型生成不同的合成地震记录[31-32,42]。

2.2 射线法模拟井间地震的波场

井间地震观测到的波场十分丰富，这是井间地震的优点，也是井间地震的难点。识别井间地震记录复杂波场中各种类型的波以及这些类型波的传播特点，是井间地震资料分析和处理的基础，也是井间地震资料解释和应用的依据[32]。利用射线法可以单独生成直达 P 波、直达 S 波、反射 P 波、反射 S 波、PS 转换波、SP 转换波以及井筒波，可以清晰地分析出各种波在不同情况下的特征。

2.2.1 单层水平界面模型井间地震观测波场的模拟

2.2.1.1 共炮点道集中单层水平界面模型的波场

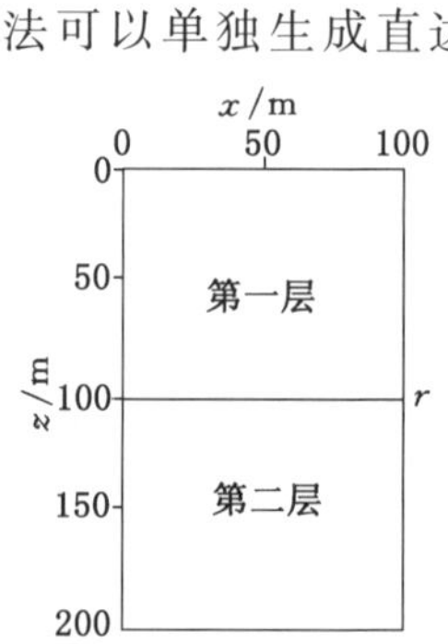

图 2-1 为一个单层水平界面模型，界面深度 $r=100$ m，界面上下两层的纵波速度、横波速度和密度分别为 $V_{p1}=4\ 573$ m/s，$V_{s1}=2\ 641$ m/s，$\rho_1=2.54$ g/cm³，$V_{p2}=6\ 100$，$V_{s2}=3\ 522$ m/s，$\rho_2=2.74$ g/cm³。井间地震的观测系统为：第一个震源点的深度

图 2-1 单层介质模型

$s_1=0$ m,震源点深度间隔 $d_s=1$ m,总震源点数 $n_s=200$ 个点,第一个接收点深度 $g_1=0$ m,接收点间隔 $d_g=1$ m,总接收点数 $n_g=200$ 个点。用突变点加插值射线追踪方法,作多炮多道射线追踪,制作多炮多道的井间地震合成记录。图 2-2 和图 2-3 分别为炮点在单层界面上方($s=50$ m,$r=100$ m)和下方($s=150$ m,$r=100$ m)的 P 波(a)和 S 波(b)的直达波、反射波、转换波的射线路径(左)、水平分量合成记录(中)和垂直分量合成记录(右)。

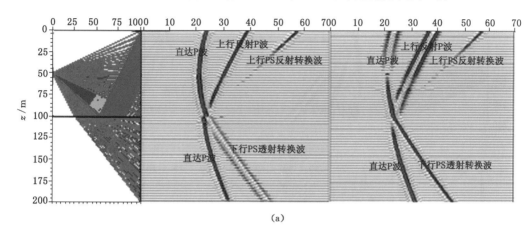

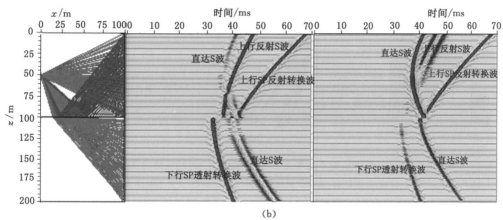

图 2-2　单层界面震源点在界面上方($s=50$ m)时的射线路径及合成记录

(a) 直达 P 波,反射 P 波,PS 透射转换波和 PS 反射转换波;

(b) 直达 S 波,反射 S 波,SP 透射转换波和 SP 反射转换波

(左为射线路径,中为合成记录水平分量,右为合成记录垂直分量)

从图 2-2 和图 2-3 可以结合旅行时计算公式分析井间地震共炮点道集中观测到的几种类型的波的传播特点:

(1)直达纵波和直达横波

当震源点 s 与接收点 g 同在第一层时(图 2-4),直达波的旅行时为[52]:

$$t = \frac{\sqrt{(g-s)^2 + d^2}}{V} \tag{2-2}$$

式中,s 为震源点深度;g 为接收点深度;d 为震源井和接收井井距。

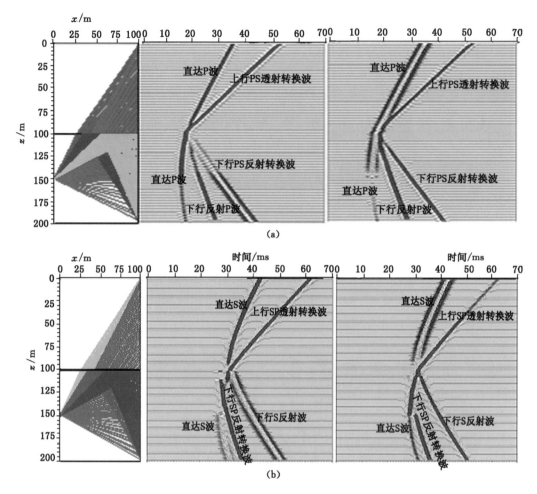

图 2-3　单层界面震源点在界面下方($s=150$ m)的射线路径及合成记录

（a）直达 P 波，反射 P 波，PS 透射转换波和 PS 反射转换波；

（b）直达 S 波，反射 S 波，SP 透射转换波和 SP 反射转换波

（左为射线路径，中为合成记录水平分量，右为合成记录垂直分量）

当震源点在第一层内且接收点也在第一层内时，V 对于纵波为 V_{p1}，对于横波为 V_{s1}，这时直达波时深曲线 $t=t(g)$ 为双曲线，其顶点深度大致与震源点深度一致，双曲线的开口随波速 V 的值增大（或减小）而增大（或减小）。例如纵波波速大于横波波速，所以纵波同相轴的时深双曲线开口程度大于横波同相轴的开口程度。直达 P 波的垂直分量和直达 S 波的水平分量在震源上下两边极性都是翻转的。

当震源点在第一层内而接收点在第二层内时（图 2-4），射线透过分界面，成为透射的直达波或透射的转换波，其时深关系式要用参数方程来表示[53]：

$$\begin{cases} t=t(\theta)=\dfrac{r-s}{V_1\cos\theta}+\dfrac{[d-(r-s)\tan\theta]V_1}{V_2^2\sin\theta} & (2\text{-}3a) \\[3mm] g=g(\theta)=r+\dfrac{d-(r-s)\tan\theta}{V_2\sin\theta}\sqrt{V_1^2-V_2^2\sin^2\theta} & (2\text{-}3b) \end{cases}$$

式中,t 为透射直达波旅行时;g 为接收点深度;θ 为从震源点发出的到达界面的入射角;r 为界面深度;s 为震源点深度;d 为井间距,V_1 为震源所在层的纵波速度或横波速度;V_2 为接收点所在层的纵波速度或横波速度。

当 V_1、V_2 都是纵波速度或都是横波速度时,追踪的是透射纵波或透射横波。当 V_1 是纵波或横波而 V_2 是横波或纵波时,追踪的是 P 到 S 或 S 到 P 的透射转换波。透射直达纵波、透射直达横波、PS 透射转换波或 SP 透射转换波其时距曲线不是双曲线,而是有一些弯曲的曲线,当透射波射线段中地震波传播速度大时,时距曲线变平,反之弯曲程度变大。另外,直达 S 波的垂直分量和水平分量两者极性是相反的(图 2-2 和图 2-3)。

(2)反射纵波和反射横波

单层界面的反射波(射线路径见图 2-5)的旅行时为[54]:

$$t = t(g) = \frac{\sqrt{(2r - s - g)^2 + d^2}}{V} \tag{2-4}$$

式中,r 为界面深度;s 和 g 分别为震源点深度和接收点深度;d 为震源井和接收井间距;V 对于纵波反射波为 V_p;对于横波反射波为 V_s;t 为纵波反射波旅行时或横波反射波旅行时。

反射波时深曲线 $t(g)$ 的形态为双曲线,双曲线顶点深度大致与震源点深度一致,双曲线的开口程度随速度增大而增大。另外,上行或下行反射 P 波或 S 波在垂直分量和水平分量上极性相反(图 2-2 和图 2-3)。

(3)反射转换波

当入射波是 P 波,转换反射波是横波,这时是 PS 反射转换波,当入射波是 S 波,转换反射波是 P 波时是 SP 反射转换波(射线路径见图 2-6)。平层界面的反射转换时距方程可用参数方程 $t = t(\theta)$ 和 $g = g(\theta)$ 表示[43]:

$$t = t(\theta) = \frac{r - s}{V_1 \cos\theta} + \frac{[d - (r - s)\tan\theta]V_1}{V_2^2 \sin\theta} \tag{2-5a}$$

$$g = g(\theta) = r - \frac{d - (r - s)\tan\theta}{V_2 \sin\theta} \sqrt{V_1^2 - \sin^2\theta V_2^2} \tag{2-5b}$$

式中,r 为界面深度;s 和 g 分别为震源点深度和接收点深度;d 为震源井和接收井间距;V_1 和 V_2 对于 PS 转换反射波是 V_{P1} 和 V_{S1},对于 SP 转换反射波是 V_{S1} 和 V_{P1};θ 为射线入射到反射界面上的入射角。

转换反射波在共炮点道集中的时距曲线也是近似的双曲线,顶点深度接近于震源点深度。PS 转换反射波比 P 波反射波的双曲线时差小,SP 转换反射波比 S 反射波的双曲线时差大。

当波从速度小的介质到速度大的介质穿过分界面时,PS 和 SP 透射转换波极性反转,SP 透射转换波在界面上超前于透射的 S 波,出现不连续现象。

(4)井筒波

从 S 点发出的波传播到井中突变点 W 时,突变点 W 作为二次源产生井筒波并在井内泥浆中传播(图 2-7),在共炮点道集中,接收井和炮井中的井筒波的时深关系分别为[44]:

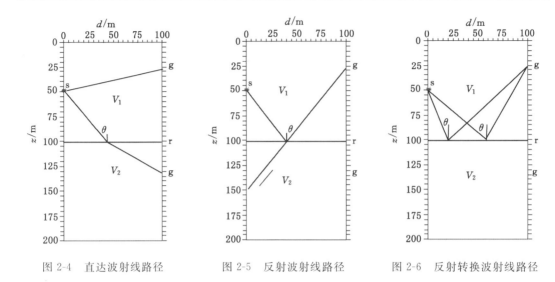

图 2-4　直达波射线路径　　　图 2-5　反射波射线路径　　　图 2-6　反射转换波射线路径

$$t = \frac{\sqrt{(w-s)^2 + d^2}}{V_1} + \frac{g-w}{V_w} \tag{2-6a}$$

$$t = \frac{w-s}{V_w} + \frac{\sqrt{(s-g)^2 + d^2}}{V_1} \tag{2-6b}$$

式中，V_w 是井筒波速度，大约为 1 500 m/s。

接收井中的井筒波的时深曲线是从异常点深度出发的两支视速度约为正负 1 500 m/s 的直线；激发井中的井筒波的时深曲线是顶点在异常点附近的近似双曲线。

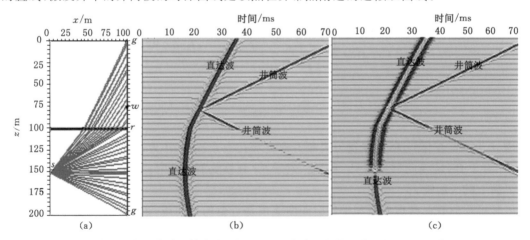

图 2-7　直达波与井筒波的射线路径与记录（井筒波是在接收井深度 80 m 处产生的）
（a）模型和射线路径；（b）合成记录水平分量；（c）合成记录垂直分量

2.2.1.2　井间地震共接收点、共偏移距和共中心深度点道集中的波场

井间数据除了选排成共炮点道集（震源深度 s 相同的道集），还可以选排成共接收点道集（接收点深度 g 相同的道集）、共中心点道集 [$(g+s)/2$ 相同的道集] 和共偏移距道集（$g-s$ 相同的道集）。在这些不同的道集中直达波、反射波、井筒波也能显示出不同的传播特点。

图 2-8 为不同道集中直达波和上行反射波的射线路径图，图 2-9 为不同道集中的直达波和

上行反射波和井筒波的合成记录。对照式(2-2)和式(2-4)，从图 2-8 和图 2-9 可以看出：

(1) 直达纵波和直达横波

式(2-2)中，对于共炮点道集，s 是常数，$t=t(g)$，同相轴是双曲线；对于共接收点道集，式中 g 是常数，$t=t(s)$，同相轴也是双曲线；对于共偏移距道集，式中 $g-s$ 是常数，若 d、V 为常数，则 t 也是常数，直达波同相轴形态是时间为常数的直线；当 $g-s=0$，即炮点和接收点位于同一深度时，同相轴是 $t=d/V$ 的直线同相轴。

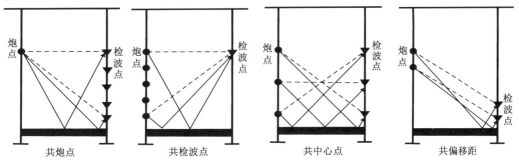

图 2-8　不同道集空间中直达波和上行反射波的射线路径图

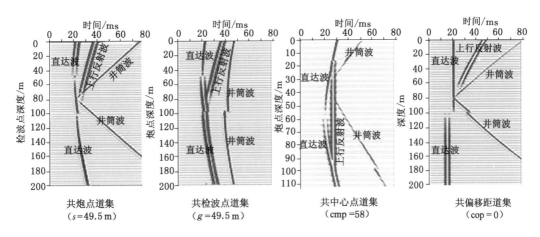

图 2-9　不同道集中的直达波和上行反射波和井筒波的合成记录

直达波在不同道集中的时差，式(2-2)两边对深度 z 求导数可得

$$\frac{\mathrm{d}t}{\mathrm{d}z} = \frac{g-s}{V\sqrt{(g-s)^2+d^2}}\left(\frac{\mathrm{d}g}{\mathrm{d}z} - \frac{\mathrm{d}s}{\mathrm{d}z}\right) = A\left(\frac{\mathrm{d}g}{\mathrm{d}z} - \frac{\mathrm{d}s}{\mathrm{d}z}\right) \qquad (2\text{-}7)$$

式中，$A=\dfrac{g-s}{V\sqrt{(g-s)^2+d^2}}$，若 $\mathrm{d}z=$ 道间距，则 $\mathrm{d}t/\mathrm{d}z$ 表示相邻道直达波的时差；$\dfrac{\mathrm{d}g}{\mathrm{d}z}$ 和 $\dfrac{\mathrm{d}s}{\mathrm{d}z}$ 分别是以 $\mathrm{d}z$ 为单位的接收点间距和炮点间距。因为在共炮点道集中，$s=$ 常数，$\dfrac{\mathrm{d}s}{\mathrm{d}z}=0$；在共接收点道集中 $g=$ 常数，$\dfrac{\mathrm{d}g}{\mathrm{d}z}=0$；在共偏移距道集中，$g-s=$ 常数，$\dfrac{\mathrm{d}(g-s)}{\mathrm{d}z}=0$，即 $\dfrac{\mathrm{d}g}{\mathrm{d}z}=\dfrac{\mathrm{d}s}{\mathrm{d}z}$；在共中心深度点道集中，$g+s=$ 常数，$\dfrac{\mathrm{d}(g+s)}{\mathrm{d}z}=0$，即 $\dfrac{\mathrm{d}g}{\mathrm{d}z}=-\dfrac{\mathrm{d}s}{\mathrm{d}z}$。所以在不同道集中，式(2-7)可以改写为：

$$\frac{\mathrm{d}t}{\mathrm{d}z} = \begin{cases} A\,\dfrac{\mathrm{d}g}{\mathrm{d}z} & \text{（共炮点道集）} \\[2mm] A\,\dfrac{\mathrm{d}s}{\mathrm{d}z} & \text{（共接收点道集）} \\[2mm] 0 & \text{（共偏移距道集）} \\[2mm] 2A\,\dfrac{\mathrm{d}g}{\mathrm{d}z} & \text{（共中心深度点道集）} \end{cases} \tag{2-8}$$

由此可得出结论：共偏移距道集中直达波的时差为零，同相轴近似为时间等于常数的直线，直线的深度位置与 $g-s$、d、V 有关；共中心深度点道集中，直达波的时差大约是共炮点或共接收点道集中直达波时差的 2 倍，共中心深度点道集中直达波同相轴弯曲程度比共炮点道集中的更大。

（2）反射纵波和反射横波

为了比较反射波在不同道集中的时差，将式（2-4）两边对深度 z 求导得：

$$\frac{\mathrm{d}t}{\mathrm{d}z} = -\frac{2r-s-g}{V\sqrt{(2r-s-g)^2+d^2}}\left(\frac{\mathrm{d}s}{\mathrm{d}z}+\frac{\mathrm{d}g}{\mathrm{d}z}\right) = B\left(\frac{\mathrm{d}s}{\mathrm{d}z}+\frac{\mathrm{d}g}{\mathrm{d}z}\right) \tag{2-9}$$

式中，$B = -\dfrac{2r-s-g}{V\sqrt{(2r-s-g)^2+d^2}}$。

类似于式（2-8），式（2-9）也可进一步改写为：

$$\frac{\mathrm{d}t}{\mathrm{d}z} = \begin{cases} B\,\dfrac{\mathrm{d}g}{\mathrm{d}z} & \left(\text{共炮点道集}, s\text{ 为常数}, \dfrac{\mathrm{d}s}{\mathrm{d}z}=0\right) \\[2mm] B\,\dfrac{\mathrm{d}s}{\mathrm{d}z} & \left(\text{共接收点道集}, g\text{ 为常数}, \dfrac{\mathrm{d}g}{\mathrm{d}z}=0\right) \\[2mm] B\left(\dfrac{\mathrm{d}s}{\mathrm{d}z}+\dfrac{\mathrm{d}g}{\mathrm{d}z}\right) & \left(\text{共偏移距道集}, g-s\text{ 为常数}, \dfrac{\mathrm{d}s}{\mathrm{d}z}=\dfrac{\mathrm{d}g}{\mathrm{d}z}\right) \\[2mm] 0 & \left(\text{共中心深度点道集}, g+s\text{ 为常数}, \dfrac{\mathrm{d}s}{\mathrm{d}z}=-\dfrac{\mathrm{d}g}{\mathrm{d}z}\right) \end{cases} \tag{2-10}$$

由此得出结论：共炮点道集和共接收点道集中反射波同相轴是双曲线，共偏移距道集中反射波时差约为共炮点道集或共接收点道集中反射波时差的 2 倍，反射同相轴弯曲程度更大，开口更小；共中心深度点道集中反射波的时差为零，反射同相轴近似为时间为常数值一条直线，直线的时间位置与 $2r-s-g$、d、V 有关。

2.2.2 多层水平介质模型井间地震观测波场的模拟

建立一个三层的模型，模型如图 2-10 所示。当炮点在第一个层内时，这时只有纵波初至波、横波直达波、上行反射波和上行转换波，没有下行反射波和下行转换波。

当炮点在第二层或第三层内某点时，不仅有直达波和上行波，还有下行波。因炮点在第二层和第三层内时波的类型比较全，现以炮点在第二层内、坐标为

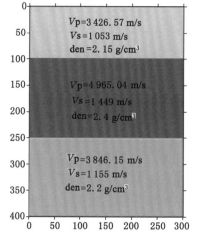

图 2-10　三层水平模型

（300，175）时为例，模拟并分析井间地震射线追踪和共炮点记录的波场特征，射线追踪图见图 2-11，通过波的类型和射线码控制模拟的记录，可以分别模拟观测记录中得到的各种波，

把这些每一种波的记录加在一起,就形成了包含井间地震各种波的共炮点记录,见图 2-12。由图 2-12 可见,仅图 2-10 中的三层水平层状模型,其波场都已很复杂,通过与单种波的记录对比可以识别记录中的数字标号对应的各种波:1 为 P 波初至波;2 为第二层底界面的上行 P 波反射;3 为接收井突变点产生的管波;4 为第一层底界面的下行 P 反射波;5 为第二层底界面的反射 PS 转换波;6 为第三层底界面的上行 P 反射波;7 为第二层底界面的 SP 反射转换波;8 为第一层底界面的 PS 反射转换波;9 为 S 波直达波;10 为第二层底界面的上行 S 反射波;11 为第一层底界面的下行 S 反射波;12 为第三层底界面的上行 SP 反射转换波;13 为第三层底界面的 PS 反射转换波;14 为第三层底界面的上行 S 反射波;15 为是第一层底界面的 PS 透射转换波,在水平分量上能量比较强,而在垂直分量上能量相对较弱,因被其他波压制,而几乎看不见。

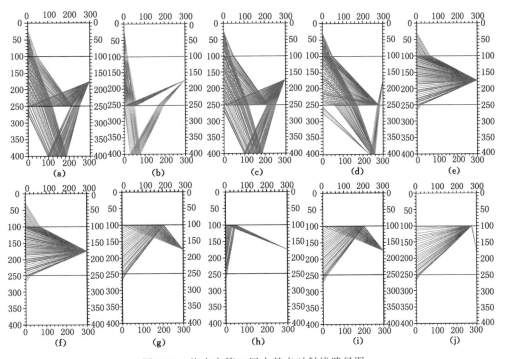

图 2-11　炮点在第二层内某点时射线路径图

（a）上行反射 P 波;（b）上行反射 P—S 转换波;（c）上行反射 S 波;（d）上行反射 S—P 转换波;（e）纵波初至波;

（f）横波直达波;（g）下行反射 P 波;（h）下行反射 P—S 转换波;（i）下行反射 S 波;（j）下行反射 S—P 转换波

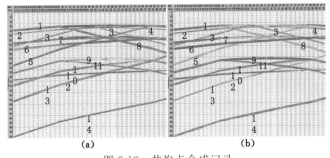

图 2-12　共炮点合成记录

（a）水平分量;（b）垂直分量

2.2.3 断层模型井间地震观测波场的模拟

建立的断层模型如图 2-13 所示,模型参数见表 2-1。两井间距为 300 m,震源位于左井中,震源坐标为(0,500),检波器位于右井中,右井的横坐标为 300 m,检波器排列从井深 200 m 到井深 800 m,检波器间隔 2.5 m,共 241 个接收点。通过射线码和波的类型可控制模拟不同类型波的记录。图 2-14(a)和图 2-14(b)分别为图 2-13 断层模型模拟出的共炮点记录的水平分量和垂直分量,通过对比分析可以从图上识别出:1 为 P 波直达波;2 为第三层底界面的上行 P 波反射;3 为第一层底界面的下行 P 反射波;4 为第二层底界面的下行 P 波反射;5 为第一层底界面的下行 PS 反射转换波;6 为第二层底界面的下行 PS 反射转换波;7 为第三层底界面的上行 PS 反射转换波;8 为第四层底界面的 PS 反射转换波;9 为第一层底界面的下行 PS 透射转换波;10 为第二层底界面的下行 PS 透射转换波;11 为第三层底界面的下行 PS 透射转换波;12 为第四层底界面的下行 PS 透射转换波;13 为第一层底界面的 SP 透射转换波;14 为第二层底界面的 SP 透射转换波;15 为第三层底界面

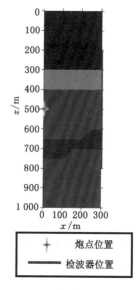

图 2-13 断层模型及
观测系统示意图

的 SP 透射转换波;16 为 S 波直达波;17 为第一层底界面的下行反射 S 波;18 为第二层底界面的下行反射 S 波;19 为第三层底界面的上行反射 S 波;20 为第四个界面的上行 S 波反射。21 为第一个界面的下行 SP 反射转换波。因水平分量和垂直分量在波的类型和对应的时间位置基本一致,所以在水平分量标出的波,在垂直分量上也一样存在,只是波的同相轴极性因为偏振不同也有所不同。图 2-15、图 2-16、图 2-17 和图 2-18 进一步说明不同类型波在断层上的反射特征。图 2-15 是断层模型第 3、4 界面下行反射 P 波的射线路径和地震记录,图中用 B_1、B_2、B_3 标记射线图中第 3 界面上的反射段和地震记录上相应的反射同相轴,用 C_1、C_2 标记射线图中第 4 界面上的反射段和地震记录上相应的反射同相轴。B_2、B_3 来自同一反射界面但分裂成两个同相轴,典型地说明射线追踪中遇到的多路径的情况,在成像时,它们应归位到同一个界面。图 2-16 是断层模型第 3、4 界面下行反射 PS 转换波的射线路径和地震记录,图中用 B_1、B_2 标记射线图中第 3 界面上的反射段和地震记录上相应的反射同相轴,用 C_1、C_2 标记射线图中第 4 界面上的反射段和地震记录上相应的反射同相轴,B_1、B_2 之间和 C_1、C_2 之间的不连续都指示断层的存在,不连续的距离指示断距的大小。图 2-17 是断层模型第 3、4 界面下行反射 S 波的射线路径和地震记录,断层反射的特征与图 2-15 相似,只是 S 波速度比 P 波速度慢,所以在地震记录中,同相轴不连续处断开的距离更大了。图 2-18 是断层模型第 3、4 界面下行 SP 转换波的射线路经和相应的地震记录。图中用 B_1、B_2 标记射线图 2-18(a)中第三界面上的反射波和地震记录图 2-18(c)上相应的反射同相轴。B_1、B_2 由于断层面弯曲形成的多重射线路径看起来更明显。另外,由于 SP 转换波中 P 的速度大,所以有可能超前于直达 S 波。

表 2-1   断层模型参数表

层号	$V_p/(m/s)$	$V_s/(m/s)$	$\rho/(g/cm^3)$
1	3 415	2 041	2.4
2	3 687	2 097	2.5
3	4 113	2 320	2.6
4	4 513	2 434	2.7
5	4 855	2 535	2.8

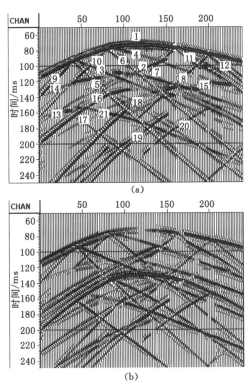

图 2-14 断层模型共炮点合成记录的水平分量和垂直分量

（a）水平分量；（b）垂直分量

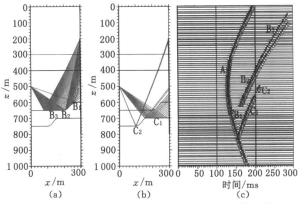

图 2-15 断层模型第三、第四界面下行反射 P 波的射线路径和地震记录

（图中 A 标记直达波；B_1、B_2、B_3 标记第三界面的反射；C_1、C_2 标记第四界面的反射）

（a）（b）射线路径；（c）地震记录

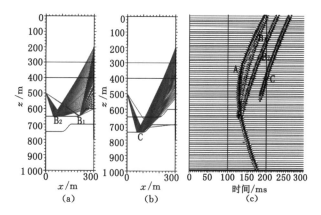

图 2-16 断层模型第三、第四界面下行反射 PS 转换波的射线路径和相应的地震记录

（图中 A 标记直达波；B_1、B_2 标记第三界面的反射；C_1、C_2 标记第四界面的反射）

（a）（b）射线路径；（c）地震记录

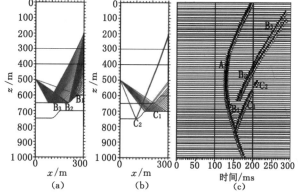

图 2-17 断层模型第三、第四界面下行反射 S 波的射线路径和相应的地震记录

（图中 A 标记直达波；B_1、B_2、B_3 标记第三界面的反射；C_1、C_2 标记第四界面的反射）

（a）（b）射线路径；（c）地震记录

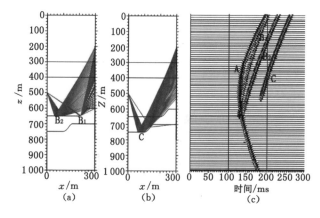

图 2-18 断层模型第三、第四界面下行反射 SP 转换波的射线路径和相应的地震记录

（图中 A 标记直达波；B_1、B_2 标记第三界面的发射；C 标记第四界面的反射）

（a）（b）射线路径；（c）地震记录

2.2.4 野外实际介质井间地震观测波场的模拟

2005 年 10 月,在某油田采集的井间地震资料中,激发井和接收井之间间距为 428 m,激发点深度从 1 175 m 到 1 310 m,共 10 个震源点,炮点距 15 m,接收点深度从 975 m 到 1 672.5 m,共 280 个接收点,点距 2.5 m。图 2-19 是野外实际采集的经过现场处理和三分量处理后的共炮点道集的 HP 分量和 Z 分量记录。为了处理和利用这些资料,首先要识别这些记录波场中各种主要类型的波,并分析它们的传播特征。为此,本项目对观测的波场进行了模拟,首先根据测井的声波速度曲线,建立了一个 190 层的水平层状模型(图 2-20),而后用突变点加插值的射线追踪方法,按观测系统进行了射线追踪,并合成地震记录。图 2-21 是反射 P 波水平分量[图 2-21(a)]和垂直分量[图 2-21(b)]记录,图 2-22 是反射 S 波水平分量[图 2-22(a)]和垂直分量[图 2-22(b)],图 2-23 是直达 P 波、反射 P 波、PS 反射转换波和 PS 透射转换波水平分量[图 2-23(a)]和垂直分量[图 2-23(b)],图 2-24 是合成记录的水平分量[图 2-24(a)]和合成记录的垂直分量[图 2-24(b)]。根据前一节关于不同类型波的传播特点的分析,可以识别出记录中的 1 为直达 P 波,2 为首波,3 为反射 P 波,4 为 PS 透射转换波,5 为 PS 反射转换波,6 为直达 S 波,7 为反射 S 波,8 为 SP 透射转换波,9 为 SP 反射转换波等主要类型的波。比较图 2-20 与图 2-15 可见,模拟的合成记录能表现出野外实际观测的波场的主要特征,两者是比较一致的。进一步分析波场中几种主要类型的波,还可以看出下面一些特点:

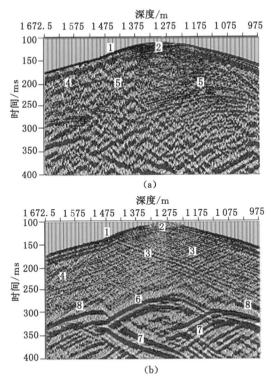

图 2-19 野外实际采集的共炮点道集记录

(炮点深度 1 280 m)

(a) HP 分量;(b) Z 分量

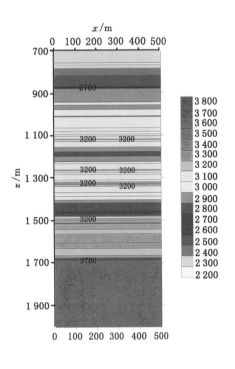

图 2-20 根据测井曲线建立的地质模型

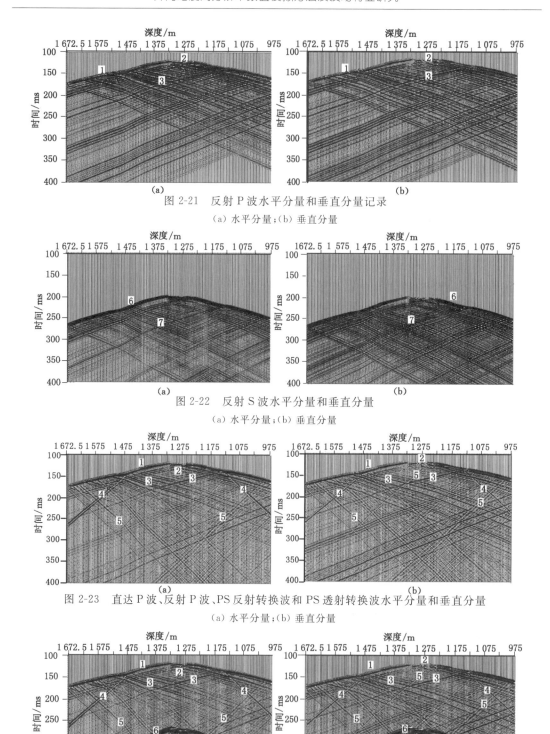

图 2-21　反射 P 波水平分量和垂直分量记录

（a）水平分量；（b）垂直分量

图 2-22　反射 S 波水平分量和垂直分量

（a）水平分量；（b）垂直分量

图 2-23　直达 P 波、反射 P 波、PS 反射转换波和 PS 透射转换波水平分量和垂直分量

（a）水平分量；（b）垂直分量

图 2-24　模拟总波场的合成记录的水平分量和垂直分量

（a）水平分量；（b）垂直分量

（1）直达 P 波

在共炮点道集中，每一个接收点都能接收到来自不同震源的直达 P 波，不可能接收不到直达波。但是，当接收点深度与震源深度大致相等，两者处于同一层中时，如果该层是夹在高速地层之间的低速地层，当波以临界角或大于临界角的角入射到该层上面（或下面）的高速地层时，有一部分能量进入高速地层，并沿层面滑行，形成首波，还可能在层内形成导波。这些波可能掩盖直达波，或超前于直达波成为初至波，使直达波成为续至波而看不清楚。为了避免混淆，本项目称从震源到接收点没有经过反射的波为直达 P 波，而不笼统地称其为初至 P 波。直达 P 波总是存在的，但直达 P 波可能不是初至波。

在与震源深度大致相等的接收点附近，看不到直达 P 波的另一个原因是沿水平方向传播到接收点的 P 波，其偏振方向近似水平。如果用垂直分量检波器接收，由于 P 波在垂直分量检波器上的投影近似为零，所以看不到直达 P 波；如果用水平分量检波器接收，由于 P 波在水平分量检波器上的投影有最大振幅，则有可能清楚地看到直达 P 波。在实际记录［图 2-18(b)］上可以证实这一点。因此，本项目采用三分量记录（垂直分量和水平分量）联合拾取直达 P 波，使拾取不到直达 P 波波至的道数甚至可以减少到 0 至 3 道。直达 P 波同相轴有时不光滑，产生突跳，这不一定是检波器不准等原因引起的误差，而是由于地层剖面速度变化和地震射线入射角大或超过临界角使波的传播路径发生不连续变化而引起的正常情况。在层析成像处理中，直达波的突跳携带着地层速度信息，因此不需要对其进行光滑。

（2）反射 P 波

在共炮点道集中，反射 P 波同相轴的形态为近似双曲线，但是当反射界面离开震源较远时，虚震源离接收段更远，反射同相轴实际上与离双曲线顶点较远、弯曲较小、相对比较直的一段同相轴形态相一致。直达 P 波的同相轴也近似为双曲线，在同一接收段，下行反射 P 波和下行直达 P 波视速度是很接近的，因此按视速度分离下行反射 P 波和下行直达 P 波会发生困难。

按照前面的分析，在共偏移距道集中直达波的时差为零，反射波的时差是共炮点道集中时差的 2 倍，所以在共偏移距道集中有可能更好地分离直达 P 波和反射 P 波。

（3）PS 透射转换波和 PS 反射转换波

在共炮点道集中，PS 透射转换波和 PS 反射转换波都有比较清楚的显示，它们的同相轴形态理论上近似为双曲线，实际上因为离双曲线顶点很远，可近似为直线。转换波的转换点常可以清楚地看到，转换波的视速度明显低于纵波的视速度，但有时接近于井筒波的视速度，从而使识别和分离 PS 转换波出现困难。井筒波视速度约为 1 500 m/s，且上下两支往往同时出现。井筒波的衰减较慢。接收井中的井筒波在共炮点道集中同相轴是两条直线，而在共接收点道集中是双曲线，这一特点有助于区分井筒波和转换波。

（4）SP 透射转换和 SP 反射转换

在共炮点道集中，SP 转换波的同相轴在转换点上旅行时发生突变，时间超前，同相轴不连续，产生明显的中断，这是正常现象，是 SP 转换波传播的一个特点。其原因是射线从高速层进入到低速层且射线入射角很大时，射线将以小的出射角出射，为了到达界面附近相邻的接收点，只好增加在高速层中传播的射线段。在实际记录上，在转换点处有一小段绕射，使转换点处的同相轴和超前的转换波的同相轴连接在一起。

（5）直达 S 波、反射 S 波

在井间地震观测的波场中，直达 S 波往往是能量最强的同相轴，其形态大致为双曲线。可以拾取直达 S 波波至，估计 S 波速度。但在直达 S 波双曲线顶点附近，波至时间的增加可能是由于波的振幅和相位变化引起的，不能反映 S 波速度的变化。

反射 S 波有一定的能量，但反射 S 波是与反射 P 波以及 PS 转换波、多次反射波、井筒波等干涉在一起的，好像一张（从直达 S 波开始，包含有 S 波反射的）网，盖在另一张（从直达 P 波开始，包含有 P 波反射的）网上，把盖在 P 波网上的 S 波网揭掉，P 波的资料处理和应用会大大改善。同样地，把 S 波网盖着的 P 波网抽掉，S 波的资料处理和应用也会大大改善。

2.3　本章小结

选择改进的突变点加插值射线追踪方法，模拟井间地震观测的主要类型的波，这种模拟方法的特点是可以快速地模拟多炮激发、每炮多道接收的井间地震波场，同时还研究了黏弹介质的射线追踪方法，模拟带有衰减的井间地震记录波场，可以模拟井间全空间传播的上行、下行、直达、反射、转换的 P、S、PS、SP 波，追踪各类波的射线路径，计算射线振幅和传播方向，并且可以按需要有控制地单个地分析某个界面、某种类型波的射线路径，清楚可靠地分析这种类型波的生成过程和传播衰减规律。

在模拟井间地震观测的主要类型的波的基础上，研究井间地震波场的特征，结合简单模型的解析解，系统地总结了井间地震共炮点、共接收点、共偏移距、共中心深度点 4 种不同道集中主要类型波的时深关系。解析解与模拟结果的一致证实了模拟方法的正确性。

在研究单层模型、多层模型、断层模型的井间地震波场的基础上，模拟、识别和解释了野外实际观测的井间地震的波场。在分析波场的基础上，对于井间地震目前尚有不同看法的一些问题，例如：在激发点深度附近能不能观测到直达波？反射 P 波和直达 P 波的视速度有时很接近，不易分离怎么办？SP 转换波的超前和在界面上表现出的不连续如何解释？P 波垂直分量在震源两边极性相反以及在弯曲界面上引起的多路径等问题提出了一些自己的看法。

3　井间地震波场模拟的时间－空间域
交错网格高阶有限差分法

地震波在实际介质中传播时，由于受到各种地质因素的影响，其波场非常复杂。特别对于高精度、高分辨率的井间地震，可以获得比地面地震更为丰富的波场信息，包含上行反射波、下行反射波，快慢纵横波等波型，波场更加复杂。各向同性介质模型不能解释所观测到的波场特征，必须考虑介质的各向异性。正确分析、识别井间地震波场是进行波场分离和后期处理、解释的前提，因此认识波的类型，理解波动传播规律具有重要的理论和实际意义。

本章在前人工作的基础上，利用波动方程的交错网格高阶有限差分数值解法模拟了井间地震观测到的各向异性（VTI）介质中传播的波场，合成了三分量的井间地震记录，识别了野外实际井间地震三分量观测记录上的快纵波、慢纵波、快横波和慢横波，为井间地震数据的波场分离、不同类型波场的成像以及纵横波和快慢波的联合解释提供依据。

3.1　三维各向同性非均匀介质弹性波有限差分法数值模拟

利用三维弹性波的一阶应力－速度方程，在交错网格上利用高阶有限差分法进行了模拟，分析了差分格式的稳定性条件和不同差分精度对频散的影响，地震震源的方向特性。通过具体的数值模型，描述了地震波在介质中的传播特点。

3.1.1　三维弹性波应力－速度方程的推导

交错网格有限差分法适用于求解一阶偏微分方程组，因此需要得到一阶波动方程组。在完全弹性介质中运动平衡微分方程（纳维尔方程）可表示为[57]：

$$\begin{cases} \rho \dfrac{\partial^2 u}{\partial t^2} = \dfrac{\partial \sigma_{xx}}{\partial x} + \dfrac{\partial \tau_{xy}}{\partial y} + \dfrac{\partial \tau_{xz}}{\partial z} + f_x \\[2mm] \rho \dfrac{\partial^2 v}{\partial t^2} = \dfrac{\partial \tau_{xy}}{\partial x} + \dfrac{\partial \sigma_{yy}}{\partial y} + \dfrac{\partial \tau_{yz}}{\partial z} + f_y \\[2mm] \rho \dfrac{\partial^2 w}{\partial t^2} = \dfrac{\partial \tau_{xz}}{\partial x} + \dfrac{\partial \tau_{yz}}{\partial y} + \dfrac{\partial \sigma_{zz}}{\partial z} + f_x \end{cases} \tag{3-1}$$

式中，u，v，w 为质点振动的位移分量；σ_{ii}，τ_{ij}，f_i 为正应力、切应力和外力分量。

因为速度可以表示为位移对时间的导数，即：

$$\begin{cases} v_x = \dfrac{\partial u}{\partial t} \\[2mm] v_y = \dfrac{\partial v}{\partial t} \\[2mm] v_z = \dfrac{\partial w}{\partial t} \end{cases} \tag{3-2}$$

代入式(3-1)可得：

$$\begin{cases} \rho \dfrac{\partial v_x}{\partial t} = \dfrac{\partial \sigma_{xx}}{\partial x} + \dfrac{\partial \tau_{xy}}{\partial y} + \dfrac{\partial \tau_{xz}}{\partial z} + f_x \\[2mm] \rho \dfrac{\partial v_y}{\partial t} = \dfrac{\partial \tau_{xy}}{\partial x} + \dfrac{\partial \sigma_{yy}}{\partial y} + \dfrac{\partial \tau_{yz}}{\partial z} + f_y \\[2mm] \rho \dfrac{\partial v_z}{\partial t} = \dfrac{\partial \tau_{xz}}{\partial x} + \dfrac{\partial \tau_{yz}}{\partial y} + \dfrac{\partial \sigma_{zz}}{\partial z} + f_y \end{cases} \tag{3-3}$$

表征弹性介质应变和位移关系的柯西方程(几何方程)表示为：

$$\begin{cases} e_{xx} = \dfrac{\partial u}{\partial x}, e_{xy} = \dfrac{1}{2}\left(\dfrac{\partial u}{\partial y} + \dfrac{\partial v}{\partial x} \right) \\[2mm] e_{yy} = \dfrac{\partial v}{\partial y}, e_{xz} = \dfrac{1}{2}\left(\dfrac{\partial u}{\partial z} + \dfrac{\partial w}{\partial x} \right) \\[2mm] e_{zz} = \dfrac{\partial u}{\partial x}, e_{yz} = \dfrac{1}{2}\left(\dfrac{\partial w}{\partial y} + \dfrac{\partial v}{\partial z} \right) \end{cases} \tag{3-4}$$

完全弹性介质的广义胡克定律可表示为：

$$\begin{cases} \sigma_{xx} = \lambda\theta + 2\mu e_{xx}, \tau_{xz} = 2\mu e_{xz} \\[2mm] \sigma_{yy} = \lambda\theta + 2\mu e_{yy}, \tau_{xy} = 2\mu e_{xy} \\[2mm] \sigma_{zz} = \lambda\theta + 2\mu e_{zz}, \tau_{yz} = 2\mu e_{yz} \end{cases} \tag{3-5}$$

其中，

$$\theta = \frac{\partial u}{\partial x} + \frac{\partial v}{\partial y} + \frac{\partial w}{\partial z}$$

将式(3-4)代入式(3-5)可得：

$$\begin{cases} \sigma_{xx} = \lambda\left(\dfrac{\partial u}{\partial x} + \dfrac{\partial v}{\partial y} + \dfrac{\partial w}{\partial z} \right) + 2\mu\dfrac{\partial u}{\partial x}, \tau_{xz} = \mu\left(\dfrac{\partial u}{\partial z} + \dfrac{\partial w}{\partial x} \right) \\[2mm] \sigma_{yy} = \lambda\left(\dfrac{\partial u}{\partial x} + \dfrac{\partial v}{\partial y} + \dfrac{\partial w}{\partial z} \right) + 2\mu\dfrac{\partial v}{\partial y}, \tau_{xy} = \mu\left(\dfrac{\partial u}{\partial y} + \dfrac{\partial v}{\partial x} \right) \\[2mm] \sigma_{zz} = \lambda\left(\dfrac{\partial u}{\partial x} + \dfrac{\partial v}{\partial y} + \dfrac{\partial w}{\partial z} \right) + 2\mu\dfrac{\partial w}{\partial z}, \tau_{yz} = \mu\left(\dfrac{\partial w}{\partial y} + \dfrac{\partial v}{\partial z} \right) \end{cases} \tag{3-6}$$

对式(3-6)左右两边对 t 求一阶导数，并将式(3-2)代入可得：

$$\begin{cases} \dfrac{\partial \sigma_{xx}}{\partial x} = \lambda\left(\dfrac{\partial v_x}{\partial x} + \dfrac{\partial v_y}{\partial y} + \dfrac{\partial v_z}{\partial z} \right) + 2\mu\dfrac{\partial v_x}{\partial x}, \dfrac{\partial \tau_{xz}}{\partial t} = \mu\left(\dfrac{\partial v_x}{\partial z} + \dfrac{\partial v_z}{\partial x} \right) \\[2mm] \dfrac{\partial \sigma_{yy}}{\partial x} = \lambda\left(\dfrac{\partial v_x}{\partial x} + \dfrac{\partial v_y}{\partial y} + \dfrac{\partial v_z}{\partial z} \right) + 2\mu\dfrac{\partial v_y}{\partial y}, \dfrac{\partial \tau_{xy}}{\partial t} = \mu\left(\dfrac{\partial v_x}{\partial y} + \dfrac{\partial v_y}{\partial x} \right) \\[2mm] \dfrac{\partial \sigma_{zz}}{\partial x} = \lambda\left(\dfrac{\partial v_x}{\partial x} + \dfrac{\partial v_y}{\partial y} + \dfrac{\partial v_z}{\partial z} \right) + 2\mu\dfrac{\partial v_z}{\partial z}, \dfrac{\partial \tau_{yz}}{\partial t} = \mu\left(\dfrac{\partial v_z}{\partial y} + \dfrac{\partial v_y}{\partial z} \right) \end{cases} \tag{3-7}$$

方程式(3-3)和式(3-7)就构成了三维完全弹性介质的一阶应力—速度方程。此方程并不要求拉梅系数和介质密度保持空间不变，因此可以模拟任意非均匀介质中弹性波的传播。

3.1.2 一阶应力—速度方程的离散差分格式

时间偏导数利用二阶精度、空间导数采用 $2L$ 阶精度近似,得到一阶应力—速度方程的离散差分格式:

$$L_t \sigma_{xx}^{n+1/2}(i,j,k) = (\lambda + 2\mu)L_x^m v_x(i,j,k) + \lambda L_y^m v_y(i,j,k) + \lambda L_z^m v_z(i,j,k) \tag{3-8a}$$

$$L_t \sigma_{yy}^{n+1/2}(i,j,k) = (\lambda + 2\mu)L_y^m v_y(i,j,k) + \lambda L_x^m v_x(i,j,k) + \lambda L_z^m v_z(i,j,k) \tag{3-8b}$$

$$L_t \sigma_{zz}^{n+1/2}(i,j,k) = (\lambda + 2\mu)L_z^m v_z(i,j,k) + \lambda L_x^m v_x(i,j,k) + \lambda L_y^m v_y(i,j,k) \tag{3-8c}$$

$$L_t^{n+\frac{1}{2}}(\tau_{xz}) = \mu\left[L_z^m v_x\left(i+\frac{1}{2},j,k+\frac{1}{2}\right) + L_x^m v_z\left(i+\frac{1}{2},j,k+\frac{1}{2}\right)\right] \tag{3-9a}$$

$$L_t^{n+\frac{1}{2}}(\tau_{xy}) = \mu\left[L_x^m v_y\left(i+\frac{1}{2},j+\frac{1}{2},k\right) + L_y^m v_x\left(i+\frac{1}{2},j+\frac{1}{2},k\right)\right] \tag{3-9b}$$

$$L^{n+\frac{1}{2}}{}_t(\tau_{yz}) = \mu\left[L_z^m v_y\left(i,j+\frac{1}{2},k+\frac{1}{2}\right) + L_y^m v_z\left(i,j+\frac{1}{2},k+\frac{1}{2}\right)\right] \tag{3-9c}$$

$$\rho L_t^n(v_x) = L_x^m \sigma_{xx}\left(i+\frac{1}{2},j,k\right) + L_y^m \tau_{xy}\left(i+\frac{1}{2},j,k\right) + L_z^m \tau_{xz}\left(i+\frac{1}{2},j,k\right) \tag{3-10a}$$

$$\rho L_t^n(v_y) = L_x^m \tau_{xy}\left(i,j+\frac{1}{2},k\right) + L_y^m \sigma_{yy}\left(i,j+\frac{1}{2},k\right) + L_z^m \tau_{yz}\left(i,j+\frac{1}{2},k\right) \tag{3-10b}$$

$$\rho L_t^n(v_z) = L_x^m \tau_{xz}\left(i,j,k+\frac{1}{2}\right) + L_y^m \tau_{yz}\left(i,j,k+\frac{1}{2}\right) + L_z^m \sigma_{zz}\left(i,j,k+\frac{1}{2}\right) \tag{3-10c}$$

以上式子中的空间导数和时间导数项为:

$$L_x^m v_x(i,j,k) = \frac{1}{\Delta x}\sum_{m=1}^{L} a_m\left[v_x^{n+1/2}\left(i+\frac{2m-1}{2},j,k\right) - v_x^{n+1/2}\left(i-\frac{2m-1}{2},j,k\right)\right]$$

$$L_y^m v_y(i,j,k) = \frac{1}{\Delta y}\sum_{m=1}^{L} a_m\left[v_y^{n+1/2}\left(i,j+\frac{2m-1}{2},k\right) - v_y^{n+1/2}\left(i,j-\frac{2m-1}{2},k\right)\right]$$

$$L_z^m v_z(i,j,k) = \frac{1}{\Delta z}\sum_{m=1}^{L} a_m\left[v_z^{n+1/2}\left(i,j,k+\frac{2m-1}{2}\right) - v_z^{n+1/2}\left(i,j,k-\frac{2m-1}{2}\right)\right]$$

$$L_y^m v_x\left(i+\frac{1}{2},j+\frac{1}{2},k\right)$$
$$= \frac{1}{\Delta y}\sum_{m=1}^{L} a_m\left[v_x^{n+1/2}\left(i+\frac{1}{2},j+m,k\right) - v_x^{n+1/2}\left(i+\frac{1}{2},j-m+1,k\right)\right]$$

$$L_z^m v_x\left(i+\frac{1}{2},j,k+\frac{1}{2}\right)$$
$$= \frac{1}{\Delta z}\sum_{m=1}^{L} a_m\left[v_x^{n+1/2}\left(i+\frac{1}{2},j,k+m\right) - v_x^{n+1/2}\left(i+\frac{1}{2},j,k-m+1\right)\right]$$

$$L_x^m v_y\left(i+\frac{1}{2},j+\frac{1}{2},k\right)$$
$$= \frac{1}{\Delta x}\sum_{m=1}^{L} a_m\left[v_y^{n+1/2}\left(i+m,j+\frac{1}{2},k\right) - v_y^{n+1/2}\left(i-m+1,j+\frac{1}{2},k\right)\right]$$

$$L_z^m v_y\left(i,j+\frac{1}{2},k+\frac{1}{2}\right)$$
$$= \frac{1}{\Delta z}\sum_{m=1}^{L} a_m\left[v_y^{n+1/2}\left(i,j+\frac{1}{2},k+m\right) - v_y^{n+1/2}\left(i,j+\frac{1}{2},k-m+1\right)\right]$$

$$L_z^m v_z\left(i+\frac{1}{2},j,k+\frac{1}{2}\right)$$

$$= \frac{1}{\Delta x} \sum_{m=1}^{L} a_m \left[v_z^{n+1/2} \left(i+m, j, k+\frac{1}{2} \right) - v_z^{n+1/2} \left(i-m+1, j, k+\frac{1}{2} \right) \right]$$

$$L_y^m v_z \left(i, j+\frac{1}{2}, k+\frac{1}{2} \right)$$

$$= \frac{1}{\Delta y} \sum_{m=1}^{L} a_m \left[v_z^{n+1/2} \left(i, j+m, k+\frac{1}{2} \right) - v_z^{n+1/2} \left(i, j-m+1, k+\frac{1}{2} \right) \right]$$

$$L_x^m \sigma_{xx} \left(i+\frac{1}{2}, j, k \right) = \frac{1}{\Delta x} \sum_{m=1}^{L} a_m \left[\sigma_{xx}^n (i+m, j, k) - \sigma_{xx}^n (i-m+1, j, k) \right]$$

$$L_y^m \sigma_{yy} \left(i, j+\frac{1}{2}, k \right) = \frac{1}{\Delta y} \sum_{m=1}^{L} a_m \left[\sigma_{yy}^n (i, j+m, k) - \sigma_{yy}^n (i, j-m+1, k) \right]$$

$$L_z^m \sigma_{zz} \left(i, j, k+\frac{1}{2} \right) = \frac{1}{\Delta z} \sum_{m=1}^{L} a_m \left[\sigma_{zz}^n (i, j, k+m) - \sigma_{zz}^n (i, j, k-m+1) \right]$$

$$L_x^m \tau_{xy} \left(i, j+\frac{1}{2}, k \right)$$

$$= \frac{1}{\Delta x} \sum_{m=1}^{L} a_m \left[\sigma_{xy}^n \left(i+\frac{2m-1}{2}, j+\frac{1}{2}, k \right) - \sigma_{xy}^n \left(i-\frac{2m-1}{2}, j+\frac{1}{2}, k \right) \right]$$

$$L_y^m \tau_{xy} \left(i+\frac{1}{2}, j, k \right)$$

$$= \frac{1}{\Delta y} \sum_{m=1}^{L} a_m \left[\sigma_{xy}^n \left(i+\frac{1}{2}, j+\frac{2m-1}{2}, k \right) - \sigma_{xy}^n \left(i-\frac{1}{2}, j+\frac{2m-1}{2}, k \right) \right]$$

$$L_x^m \tau_{xz} \left(i, j, k+\frac{1}{2} \right)$$

$$= \frac{1}{\Delta x} \sum_{m=1}^{L} a_m \left[\sigma_{xz}^n \left(i+\frac{2m-1}{2}, j, k+\frac{1}{2} \right) - \sigma_{xz}^n \left(i-\frac{2m-1}{2}, j, k+\frac{1}{2} \right) \right]$$

$$L_z^m \tau_{xz} \left(i+\frac{1}{2}, j, k \right)$$

$$= \frac{1}{\Delta z} \sum_{m=1}^{L} a_m \left[\sigma_{xz}^n \left(i+\frac{1}{2}, J, K+\frac{2m-1}{2} \right) - \sigma_{xz}^n \left(i+\frac{1}{2}, j, k-\frac{2m-1}{2} \right) \right]$$

$$L_y^m \tau_{yz} \left(i, j, k+\frac{1}{2} \right)$$

$$= \frac{1}{\Delta z} \sum_{m=1}^{L} a_m \left[\sigma_{yz}^n \left(i, j+\frac{2m-1}{2}, k+\frac{1}{2} \right) - \sigma_{yz}^n \left(i, j-\frac{2m-1}{2}, k+\frac{1}{2} \right) \right]$$

$$L_z^m \tau_{yz} \left(i, j+\frac{1}{2}, k \right)$$

$$= \frac{1}{\Delta z} \sum_{m=1}^{L} a_m \left[\sigma_{yz}^n \left(i, j+\frac{1}{2}, k+\frac{2m-1}{2} \right) - \sigma_{yz}^n \left(i, j+\frac{1}{2}, k-\frac{2m-1}{2} \right) \right]$$

$$L_t P^{n+1/2} (i, j, k) = \frac{P^{n+1}(i, j, k) - P^n(i, j, k)}{\Delta t}, P = \sigma_{ii} (i = x, y, z)$$

$$L_t^{n+\frac{1}{2}} (\tau_{xz}) = \frac{\tau_{xz}^{n+1} \left(i+\frac{1}{2}, j, k+\frac{1}{2} \right) - \tau_{xz}^n \left(i+\frac{1}{2}, j, k+\frac{1}{2} \right)}{\Delta t}$$

$$L_t^{n+\frac{1}{2}} (\tau_{xy}) = \frac{\tau_{xy}^{n+1} \left(i+\frac{1}{2}, j+\frac{1}{2}, k \right) - \tau_{xy}^n \left(i+\frac{1}{2}, i+\frac{1}{2}, k \right)}{\Delta t}$$

$$L_t^{n+\frac{1}{2}}(\tau_{yz}) = \frac{\tau_{yz}^{n+1}\left(i,j+\frac{1}{2},k+\frac{1}{2}\right) - \tau_{yz}^{n}\left(i,j+\frac{1}{2},k+\frac{1}{2}\right)}{}$$

$$L_t^{n}(v_x) = \frac{v_x^{n+\frac{1}{2}}\left(i+\frac{1}{2},j,k\right) - v_x^{n-\frac{1}{2}}\left(i+\frac{1}{2},j,k\right)}{\Delta t}$$

$$L_t^{n}(v_y) = \frac{v_y^{n+\frac{1}{2}}\left(i,j+\frac{1}{2},k\right) - v_y^{n-\frac{1}{2}}\left(i,j+\frac{1}{2},k\right)}{\Delta t}$$

$$L_t^{n}(v_z) = \frac{v_z^{n+\frac{1}{2}}\left(i,j,k+\frac{1}{2}\right) - v_z^{n-\frac{1}{2}}\left(i,j,k+\frac{1}{2}\right)}{\Delta t}$$

式(3-8a)至式(3-10a)是一阶应力—速度方程的空间 $2L$ 阶精度、时间 2 阶精度的差分格式的离散表达式,至此得到了可以利用计算机进行计算的有限差分离散方程。令 $L=8$,即可得到空间 8 阶精度的差分方程。图 3-1 和图 3-2 给出了不同精度差分的频散情况,可见在保证单位波长内相同采样点个数情况下,差分精度越高,则频散现象越弱。且能够验证,在坐标轴相同的传播方向上频散最为严重。

由于公式中存在半数网格节点,在计算机中无法表示,结合图 2-4 中波场量和介质分量的分布和计算机中数组的存储方式,按照以下两个规则对应数组下标:

凡是整数的标记都不发生变化,即 i 对应 i,$i+1$ 对应 $i+1$ 等;

凡是半数的标记都需要减去 $1/2$,如 $i-1/2$ 对应 $i-1$,$i+1/2$ 对应 i 等。

根据这两个规则,对应即可得到能用于程序设计的更新表达式。

上式中,ρ、μ、λ 都可以随空间坐标变化。由于三者都是定义在整数节点上,当半数节点处需要用到变量 ρ、μ 时需要根据附近的点近似得到。设在 v_y,v_y,v_z 处的密度为 ρ_x,ρ_y,ρ_z,在 τ_{xy},τ_{xz},τ_{yz} 处的拉梅系数 μ 分别为 μ_{xy},μ_{xz},μ_{yz},则:

$$\begin{cases} \rho_x\left(i+\frac{1}{2},j,k\right) = \dfrac{\rho_x(i,j,k) + \rho_x(i+1,j,k)}{2} \\[3mm] \rho_y\left(i,j+\frac{1}{2},k\right) = \dfrac{\rho_x(i,j,k) + \rho_x(i,j+1,k)}{2} \\[3mm] \rho_z\left(i,j,k+\frac{1}{2}\right) = \dfrac{\rho_x(i,j,k) + \rho_x(i,j,k+1)}{2} \end{cases}$$

$$\begin{cases} \mu_{xy}\left(i+\frac{1}{2},j+\frac{1}{2},k\right) \\[2mm] \quad = \left[\dfrac{1}{4}\left(\dfrac{1}{\mu(i,j,k)} + \dfrac{1}{\mu(i+1,j,k)} + \dfrac{1}{\mu(i,j+1,k)} + \dfrac{1}{\mu(i+1,j+1,k)}\right)\right]^{-1} \\[4mm] \mu_{xz}\left(i+\frac{1}{2},j,k+\frac{1}{2}\right) \\[2mm] \quad = \left[\dfrac{1}{4}\left(\dfrac{1}{\mu(i,j,k)} + \dfrac{1}{\mu(i+1,j,k)} + \dfrac{1}{\mu(i,j,k+1)} + \dfrac{1}{\mu(i+1,j,k+1)}\right)\right]^{-1} \\[4mm] \mu_{yz}\left(i,j+\frac{1}{2},k+\frac{1}{2}\right) \\[2mm] \quad = \left[\dfrac{1}{4}\left(\dfrac{1}{\mu(i,j,k)} + \dfrac{1}{\mu(i,j+1,k)} + \dfrac{1}{\mu(i,j,k+1)} + \dfrac{1}{\mu(i,j+1,k+1)}\right)\right]^{-1} \end{cases}$$

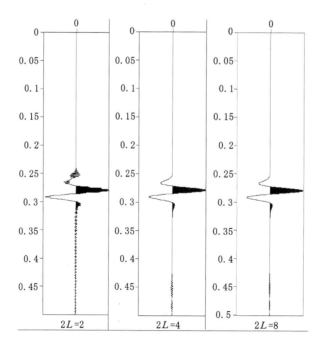

图 3-1 不同差分精度的频散现象

(2L 表示差分精度)

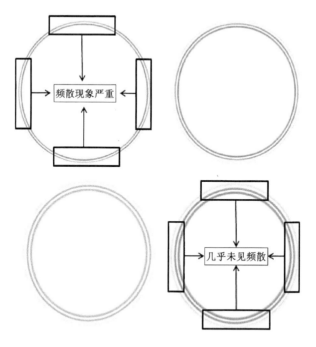

图 3-2 2、4、6、8 阶精度频散情况

二维平面图(X 分量)

3.1.3 分格式的稳定性分析

由于差分方程对连续微分方程的近似误差，差分格式存在网格频散，下面考察三维介质中 8 阶差分格式的频散关系[58]。

设有一平面简谐波在三维空间中传播，传播方向用 XOY 平面的角度 φ 和 XOZ 平面内的角度 δ 表示（$0 \leqslant \delta \leqslant \pi, 0 \leqslant \varphi \leqslant 2\pi$），如图 3-3 所示，并设：

$$\begin{cases} v_x = AE, v_y = BE, v_z = CE, \\ \sigma_{xx} = D_1 E, \sigma_{yy} = D_2 E, \sigma_{zz} = E_z E, \end{cases} \tag{3-11}$$

$$\sigma_{xy} = D_4 E, \sigma_{xz} = D_5 E, \sigma_{yz} = D_6 E$$

式中，$E = \exp[i(-\omega m \Delta t + k_x ih + k_y jh + k_z kh]$；$\omega$ 为圆频率；k_x, k_y, k_z 为波数向量在 x, y, z 三个方向的分量，结合图 3-3 可得：

$$\begin{cases} k_x = k\cos\varphi\sin\delta \\ k_y = k\sin\varphi\sin\delta \\ k_z = k\cos\theta \end{cases} \tag{3-12}$$

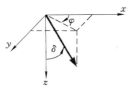

图 3-3　平面简谐波传播方向的 φ、δ 表示

将式（3-11）中各个波场变量代入 8 阶精度离散差分方程式（3-8a）至式（3-10a），得到 9 个方程，将其写为矩阵乘法形式可得：

$$\begin{bmatrix} A \\ B \\ C \end{bmatrix} \gamma = \begin{bmatrix} \xi^2 X^2 + \beta^2 \Sigma & \xi^2 XY & \xi^2 XZ \\ \xi^2 XY & \xi^2 Y^2 + \beta^2 \Sigma & \xi^2 YZ \\ \xi^2 XZ & \xi^2 YZ & \xi^2 Z^2 + \beta^2 \Sigma \end{bmatrix} \tag{3-13}$$

其中，

$$\gamma = \frac{S^2}{\Delta^2}, S = \sin\frac{1}{2}\omega\Delta t, \Delta = \frac{\Delta t}{h}, \xi^2 = \frac{\lambda + \mu}{\rho}, \beta^2 = \frac{\mu}{\rho}$$

β 为纵波速度，X, Y, Z 分别为：

$$\begin{cases} X = a_1 \sin\frac{k_x h}{2} + a_2 \sin\frac{3k_x h}{2} + a_3 \sin\frac{5k_x h}{2} + a_4 \sin\frac{7k_x h}{2} \\ Y = a_1 \sin\frac{k_y h}{2} + a_2 \sin\frac{3k_y h}{2} + a_3 \sin\frac{5k_y h}{2} + a_4 \sin\frac{7k_y h}{2} \\ Z = a_1 \sin\frac{k_z h}{2} + a_2 \sin\frac{3k_z h}{2} + a_3 \sin\frac{5k_z h}{2} + a_4 \sin\frac{7k_z h}{2} \end{cases} \tag{3-14}$$

$\Sigma = X^2 + Y^2 + Z^2$，令

$$M = \begin{bmatrix} \xi^2 X^2 + \beta^2 \Sigma & \xi^2 XY & \xi^2 XZ \\ \xi^2 XY & \xi^2 Y^2 + \beta^2 \Sigma & \xi^2 YZ \\ \xi^2 XZ & \xi^2 YZ & \xi^2 Z^2 + \beta^2 \Sigma \end{bmatrix}$$

将式(3-13)改写成齐次矩阵方程得：

$$[M-Y]\begin{bmatrix} A \\ B \\ C \end{bmatrix} = \begin{matrix} 0 \\ 0 \\ 0 \end{matrix} \qquad (3-15)$$

若 A,B,C 存在非零解，则系数行列式为 0，即：

$$\mathrm{Det}[M-\gamma I] = 0 \qquad (3-16)$$

I 为单位矩阵。重写矩阵为：

$$[M-\gamma I] = \xi^2 \begin{bmatrix} X & 0 & 0 \\ 0 & Y & 0 \\ 0 & 0 & Z \end{bmatrix}\begin{bmatrix} 1 & 1 & 1 \\ 1 & 1 & 1 \\ 1 & 1 & 1 \end{bmatrix}\begin{bmatrix} X & 0 & 0 \\ 0 & Y & 0 \\ 0 & 0 & Z \end{bmatrix} + dI \qquad (3-17)$$

其中，$d = \dfrac{\beta^2 \Sigma - \gamma}{\xi^2}$，式(3-16)变为：

$$\xi^6 \mathrm{Det}\left[\begin{bmatrix} X & 0 & 0 \\ 0 & Y & 0 \\ 0 & 0 & Z \end{bmatrix}\begin{bmatrix} 1 & 1 & 1 \\ 1 & 1 & 1 \\ 1 & 1 & 1 \end{bmatrix}\begin{bmatrix} X & 0 & 0 \\ 0 & Y & 0 \\ 0 & 0 & Z \end{bmatrix} + dI\right] = 0 \qquad (3-18)$$

即：

$$\mathrm{Det}\begin{bmatrix} X^2 + d & XY & XZ \\ XY & Y^2 + d & YZ \\ XZ & YZ & Z^2 + d \end{bmatrix} = 0 \qquad (3-19)$$

按照行列式计算展开式(3-19)得到：

$$d^2(X^2 + Y^2 + Z^2 + d) = 0 \qquad (3-20)$$

若要式(3-20)成立，则需满足：

$$X^2 + Y^2 + Z^2 + d = 0 \qquad (3-21)$$

或者

$$d = 0 \qquad (3-22)$$

由式(3-21)和式(3-22)分别得到三维弹性介质中有限差分方程模拟纵波和横波的频散关系：

$$S^2 = \Delta^2 \alpha^2 (X^2 + Y^2 + Z^2) \qquad (3-23)$$

$$S^2 = \Delta^2 \beta^2 (X^2 + Y^2 + Z^2) \qquad (3-24)$$

式中，α 为纵波速度，$\alpha^2 = \dfrac{\lambda + 2\mu}{\rho}$；$\beta$ 为横波速度，$\beta^2 = \dfrac{\mu}{\rho}$。

还原 S、Δ 得到最终的频散关系：

$$\sin \frac{1}{2}\omega\Delta t = \frac{\Delta t}{n}\alpha (X^2 + Y^2 + Z^2)^{1/2} \qquad (3-25)$$

$$\sin \frac{1}{2}\omega\Delta t = \frac{\Delta t}{n}\beta (X^2 + Y^2 + Z^2)^{1/2} \qquad (3-26)$$

又因为 $0 \leqslant \left|\sin \dfrac{1}{2}\omega\Delta t\right| \leqslant 1$，由式(3-25)、式(3-26)还可得到纵横波的稳定性条件依次为：

$$\frac{\Delta t\alpha}{h} \leqslant \frac{1}{\sqrt{3}\sum_{m=1}^4 |\alpha_m|} \qquad (3-27)$$

和

$$\frac{\Delta t\beta}{h} \leqslant \frac{1}{\sqrt{3}\sum_{m=1}^{4}\mid\alpha_m\mid} \tag{3-28}$$

地震纵波速度大于横波速度,因此式(3-27)能保证横波传播的稳定性条件,为模拟中应用的稳定性条件。利用 $\frac{kh}{2}=\frac{\pi}{s}$ 和相速度的定义 $v_p=\frac{\omega}{k}$,结合式(3-12)并设 $p=\frac{\Delta t\alpha}{h}$,将可以得到在8阶精度的差分格式下离散网格中地震波传播的归一化相速度公式:

$$\frac{\alpha_p}{\alpha_0}=\frac{\omega}{k\alpha_0}=\frac{S}{p\pi}\sin^{-1}\{p[(X^2+Y^2+Z^2)]^{1/2}\} \tag{3-29}$$

先考察地震波在某个平面内的传播,图3-4展示了波在一个平面内,不同传播角度的频散曲线。由此可得到波在沿坐标轴传播时频散最为严重,沿平面的对角线传播时只要采样点数满足每波长至少5个,则基本不发生频散。图3-5给出了所有传播角度相速度的直观表示。

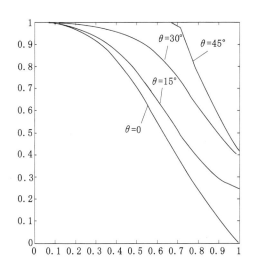

图3-4　波在一个平面内的传播频散曲线

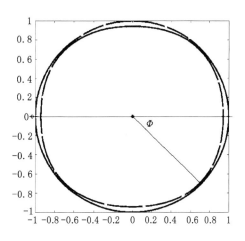

图3-5　不同传播角度归一化相速度值
（实线表示地震波速度,虚线表示网格相速度）

然后考察以下三种不同传播方向下的相速度,其中(0,0)表示波沿着 X 轴方向传播;(0,45)表示波沿 XOZ 平面的对角线传播;(45,54.74)表示平面波沿网格单元体的体对角线传播。S(空间采样点)的范围为0～20。p 的最大值为 $p_0=\frac{1}{\sqrt{3}\sum_{m=1}^{4}\mid a_m\mid}=0.4438$,将考察不同程度的 p 对频散曲线的影响。

从图3-6可以看出,数值频散与两个方面有关:一是平面波的传播方向,根据图中不同传播角度的频散曲线得出结论:沿坐标轴传播的波频散最为严重,沿体对角线传播的波频散最轻;二是与单位波长内采样点个数有关,采样点个数越多则频散效应越小。对8阶精度交错网格而言,当每波长采样点少于5个时,频散现象较为严重;当达到5个时,频散误差可以降到1%左右;当每波长采样点达到10个时,几乎不发生频散。此外,稳定性条件对频散也有一定影响,当用100%的频散条件时,短波长的波仍会有较大的频散,随着稳定性条件的逐渐减小,差分格式的稳定性也逐渐提高。因此,本书的数值模拟的稳定性条件将取最大值的 50%,即时间步长取允许最大值的一半,并且保证最短波长内的采样点数有 5 个。

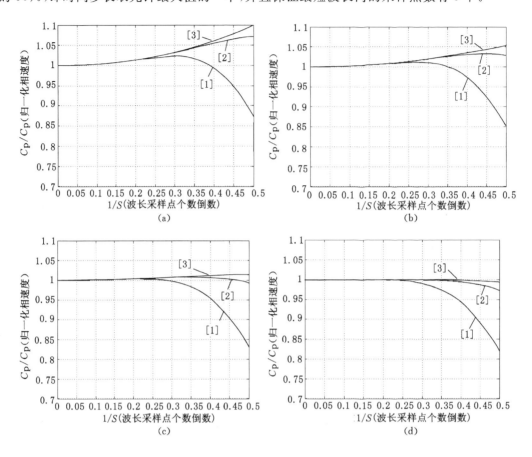

图 3-6 不同 p 值,不同传播方向的纵波频散曲线

(a) $p=100\%p_0$;(b) $p=80\%p_0$;(c) $p=50\%p_0$;(d) $p=10\%p_0$

3.1.4 人工边界吸收条件

数值模拟的一个共同特点是它们仅涉及震源及模拟区域内波动的解,而对区域之外介质中的波动过程不感兴趣[59],现在的计算能力也无法达到在无限区域中进行数值模拟的水平。但波动方程的解又与边界条件密切相关,为了限制计算边界,必须人为对计算区域截断[59],人工边界条件就成了数值模拟中研究的重要内容。

按照吸收边界反射的理论基础,可以将消除边界反射的方法分为两种:一种是单程波近似方法,如旁轴近似法,多向透射边界条件,第一类方法不能模拟波无限传播时的波动特征,其吸收效果根据入射角度的变化而变化,对垂直入射的波吸收效果最好;第二类方法是在模拟网格周围加吸收层,在吸收层内衰减波的能量至非常微小的程度,此类方法有黏性边界、海绵吸收边界和 PML 吸收边界。PML 又可分为分裂 PML 和非分裂 PML(NPML,Non-splitting PML),NPML 相比于 PML 处理简单,但所用存储量与 PML 几乎相同[60]

在这一节主要采用了当前吸收效果最好的边界——PML 吸收边界(perfectly Mathcad layer absorb condition,完全匹配层吸收边界)。PML 吸收边界条件的吸收效果可以参考文献[61]。PML 吸收边界可以吸收任意角度和任意频率的边界入射波[62]。完全匹配层吸收边界的做法是在计算区域外构造有限厚度的吸收层，以便吸收衰减向外传播的波，而在计算区域与匹配层的交界面产生最小可能的虚假反射，以此达到模拟地下无限介质的目的。相对比与传统吸收边界条件，完全匹配层吸收边界的吸收效率更高，尤其是对大角度入射的边界反射有较好的吸收效果[61]。

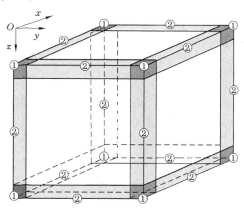

图 3-7   三维介质 PML 吸收区域图(据牟永光，2004)

PML 吸收边界条件是在模拟区域周围添加一定厚度的吸收层，地震波在吸收层中遵循带有衰减项的 PML 控制方程：

$$
\begin{cases}
V_x = V_{x\_x} + V_{x\_y} + V_{x\_z} \\
\rho \dfrac{\partial v_{x\_x}}{\partial t} + d_x v_{x\_x} = \dfrac{\partial \sigma_{xx}}{\partial x} \\
\rho \dfrac{\partial v_{x\_y}}{\partial t} + d_y v_{x\_y} = \dfrac{\partial \sigma_{xy}}{\partial y} \\
\rho \dfrac{\partial v_{x\_z}}{\partial t} + d_z v_{x\_z} = \dfrac{\partial \sigma_{xx}}{\partial z}
\end{cases}
\begin{cases}
v_y = v_{y\_x} + v_{y\_y} + v_{y\_z} \\
\rho \dfrac{\partial v_{y\_x}}{\partial t} + d_x v_{y\_x} = \dfrac{\partial \sigma_{xy}}{\partial x} \\
\rho \dfrac{\partial v_{y\_y}}{\partial t} + d_y v_{y\_y} = \dfrac{\partial \sigma_{yy}}{\partial y} \\
\rho \dfrac{\partial v_{y\_z}}{\partial t} + d_z v_{y\_z} = \dfrac{\partial \sigma_{yz}}{\partial z}
\end{cases}
\begin{cases}
v_z = v_{z\_x} + v_{z\_y} + v_{z\_z} \\
\rho \dfrac{\partial v_{z\_x}}{\partial t} + d_x v_{z\_x} = \dfrac{\partial \sigma_{xz}}{\partial x} \\
\rho \dfrac{\partial v_{z\_y}}{\partial t} + d_y v_{z\_y} = \dfrac{\partial \sigma_{yz}}{\partial y} \\
\rho \dfrac{\partial v_{z\_z}}{\partial t} + d_z v_{z\_z} = \dfrac{\partial \sigma_{zz}}{\partial z}
\end{cases}
$$

$$
\begin{cases}
\sigma_{xx} = \sigma_{xx\_x} + \sigma_{xx\_y} + \sigma_{xx\_z} \\
\rho \dfrac{\partial \sigma_{xx\_x}}{\partial t} + d_x \sigma_{xx\_x} = (\lambda + 2u) \dfrac{\partial v_x}{\partial x} \\
\rho \dfrac{\partial \sigma_{xx\_y}}{\partial t} + d_y \sigma_{xx\_y} = \lambda \dfrac{\partial v_y}{\partial y} \\
\rho \dfrac{\partial \sigma_{xx\_z}}{\partial t} + d_z \sigma_{xx\_z} = \lambda \dfrac{\partial v_z}{\partial z}
\end{cases}
\begin{cases}
\tau_{xz} = \tau_{xz_x} + \tau_{xz_z} \\
\rho \dfrac{\partial \tau_{xz\_x}}{\partial t} + d_x \tau_{xz\_x} = u \dfrac{\partial v_z}{\partial x} \\
\rho \dfrac{\partial \tau_{xz\_z}}{\partial t} + d_z \tau_{xz\_z} = u \dfrac{\partial v_x}{\partial z}
\end{cases}
$$

$$
\begin{cases}
\sigma_{yy} = \sigma_{yy\_x} + \sigma_{yy\_y} + \sigma_{yy\_z} \\
\rho \dfrac{\partial \sigma_{yy\_x}}{\partial t} + d_x \sigma_{yy\_x} = \lambda \dfrac{\partial v_x}{\partial x} \\
\rho \dfrac{\partial \sigma_{yy\_y}}{\partial t} + d_y \sigma_{xx\_y} = (\lambda + 2u) \dfrac{\partial v_y}{\partial y} \\
\rho \dfrac{\partial \sigma_{yy\_z}}{\partial t} + d_z \sigma_{xx\_z} = \lambda \dfrac{\partial v_z}{\partial z}
\end{cases}
\begin{cases}
\tau_{xy} = \tau_{xy\_x} + \tau_{xy\_y} \\
\rho \dfrac{\partial \tau_{xy\_x}}{\partial t} + d_x \tau_{xy\_x} = u \dfrac{\partial v_y}{\partial x} \\
\rho \dfrac{\partial \tau_{xy\_y}}{\partial t} + d_y \tau_{xy\_y} = u \dfrac{\partial v_x}{\partial y}
\end{cases}
$$

$$\begin{cases} \sigma_{zz} = \sigma_{zz\_x} + \sigma_{zz\_y} + \sigma_{zz\_z} \\ \rho \dfrac{\partial \sigma_{zz\_x}}{\partial t} + d_x \sigma_{zz\_x} = \lambda \dfrac{\partial v_x}{\partial x} \\ \rho \dfrac{\partial \sigma_{zz\_y}}{\partial t} + d_y \sigma_{zz\_y} = \lambda \dfrac{\partial v_y}{\partial y} \\ \rho \dfrac{\partial \sigma_{zz\_z}}{\partial t} + d_z \sigma_{zz\_z} = (\lambda + 2u) \dfrac{\partial v_z}{\partial z} \end{cases} \qquad \begin{cases} \tau_{yz} = \tau_{yz\_y} + \tau_{yz\_z} \\ \rho \dfrac{\partial \tau_{yz\_y}}{\partial t} + d_y \tau_{yz\_y} = u \dfrac{\partial v_z}{\partial y} \\ \rho \dfrac{\partial \tau_{yz\_z}}{\partial t} + d_z \tau_{yz\_z} = u \dfrac{\partial v_y}{\partial z} \end{cases}$$

其中 d_x,d_y,d_z 分别为在 X,Y,Z 三个方向上的衰减系数,由下式定义:

$$d_i = \log\left(\frac{1}{R}\right)\frac{3a}{2\delta}\left(\frac{x_i}{\delta}\right)^2 \quad (i = 1,2,3) \tag{3-30}$$

式中,R 为理论反射系数;x_i 为位置距离 PML 边界的垂直距离;δ 为 PML 吸收区域的厚度。图 3-8 显示了衰减系数的变化情况,随着网格距离 PML 边界距离的增加,衰减因子呈指数型增长。如图 3-7 所示,在三维网格中,PML 吸收区域可以分为角点区,标记为①,其内的三个衰减系数满足 $d_x \neq 0, d_y \neq 0, d_z \neq 0$,即在角点区传播的波在三个方向上都有吸收衰减;棱柱区,标记为②,在平行棱柱的方向吸收系数不为 0,其他两个方向衰减系数为 0;平面区,即周围 6 个平面去除角点区和棱柱区之后的部分,图中为白色部分。其内平行于平面的两个方向的衰减系数为 0,垂直于平面方向的衰减系数不为 0。图 3-9 给出了 XOY 平面 PML 吸收区域的示例。

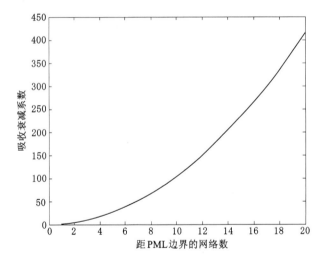

图 3-8　PML 吸收层为 20 个网格点时的衰减系数(间距 5 m,速度 3 000 m/s)

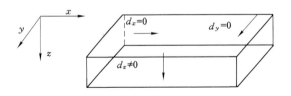

图 3-9　XOY 面上各衰减系数情况

令

$$\sigma_{ij\_i}^{n+1/2} = \frac{\sigma_{ij\_i}^{n} + \sigma_{ij\_i}^{n+1}}{2}, v_{i\_j}^{n+1/2} = \frac{v_{i\_j}^{n+1/2} + v_{i\_j}^{n-1/2}}{2}$$

结合交错网格有限差分格式,可以得到 PML 区域控制方程的离散形式:

$$\sigma_{xx}^{n+1}(i,j,k) = \sigma_{xx\_x}^{n+1}(i,j,k) + \sigma_{xx\_y}^{n+1}(i,j,k) + \sigma_{xx\_z}^{n+1}(i,j,k)$$

$$\sigma_{xx\_x}^{n+1}(i,j,k) = \frac{\left\{(1 - 0.5\Delta t d_i^x)\sigma_{xx\_x}^{n+1} + \Delta t(\lambda + 2\mu)L_x^m v_x\left(i + \frac{1}{2},j,k\right)\right\}}{1 + 0.5\Delta t d_i^x}$$

$$\sigma_{xx\_y}^{n+1}(i,j,k) = \frac{\left\{(1 - 0.5\Delta t d_i^y)\sigma_{xx\_y}^{n+1} + \Delta t\lambda L_y^m v_y\left(i,j + \frac{1}{2},k\right)\right\}}{1 + 0.5\Delta t d_i^y}$$

$$\sigma_{xx\_y}^{n+1}(i,j,k) = \frac{\left\{(1 - 0.5\Delta t d_i^z)\sigma_{xx\_z}^{n+1} + \Delta t\lambda L_z^m v_z\left(i,j,k + \frac{1}{2}\right)\right\}}{1 + 0.5\Delta t d_i^z}$$

同理可得到其他 8 个分量的离散差分格式。至此,得到了内部计算区域的迭代更新格式和 PML 计算区域的迭代更新格式,下面将讨论自由边界条件和震源项。

3.1.5　自由界面边界条件

在实际的地震采集中,地表是地下介质和空气的接触面,此表面成为自由界面。在数值模拟中,自由界面处满足应力为 0[63]。在此仅讨论自由界面为水平面的情况。

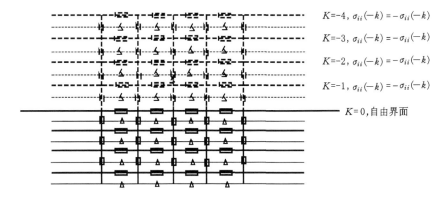

图 3-10　自由界面以上假想层面示意图(XOZ 剖面)

根据弹性力学概念,界面的应力为应力张量和平面方向向量的乘积,令水平地表的垂直向下为正方向,则方向向量为(0,0,1),由自由界面应力为 0 的条件得到:

$$\begin{bmatrix} \sigma_{xx} & \tau_{xy} & \tau_{xz} \\ \tau_{xy} & \sigma_{yy} & \tau_{yz} \\ \tau_{xz} & \tau_{yz} & \sigma_{zz} \end{bmatrix}\begin{bmatrix} 0 \\ 0 \\ 1 \end{bmatrix} = \begin{bmatrix} 0 \\ 0 \\ 0 \end{bmatrix}$$

求解,得到任意时刻在自由界面上:

$$\tau_{xz} = 0, \tau_{yz} = 0, \tau_{zz} = 0$$

亦

$$\frac{\partial \tau_{xz}}{\partial t} = 0, \frac{\partial \tau_{yz}}{\partial t} = 0, \frac{\partial \tau_{zz}}{\partial t} = 0$$

又由于:

$$\begin{cases} \dfrac{\partial \tau_{zz}}{\partial t} = \lambda \left(\dfrac{\partial v_x}{\partial x} + \dfrac{\partial v_y}{\partial y} + \dfrac{\partial v_z}{\partial z} \right) + 2\mu \dfrac{\partial v_z}{\partial z} \\[2mm] \dfrac{\partial \tau_{xx}}{\partial t} = \mu \left(\dfrac{\partial v_x}{\partial z} + \dfrac{\partial v_z}{\partial x} \right) \\[2mm] \dfrac{\partial \tau_{yz}}{\partial t} = \mu \left(\dfrac{\partial v_z}{\partial y} + \dfrac{\partial v_y}{\partial z} \right) \end{cases}$$

可以得到在自由界面上,各速度分量的空间导数有以下关系:

$$\begin{cases} \dfrac{\partial v_x}{\partial z} = - \dfrac{\partial v_z}{\partial x} \\[2mm] \dfrac{\partial v_y}{\partial z} = - \dfrac{\partial v_z}{\partial y} \\[2mm] \dfrac{\partial v_z}{\partial z} = - \dfrac{\lambda}{\lambda + 2u} \left(\dfrac{\partial v_x}{\partial x} + \dfrac{\partial v_y}{\partial y} \right) \end{cases}$$

若是空间 8 阶精度的有限差分格式,自由界面所在网格的 Z 标号为 0。需要更新自由界面上的变量 $v_x, v_y, v_z, \tau_{xy}, \tau_{xx}, \tau_{yy}$,并一直使 $\tau_{zz} = 0, \tau_{yz} = 0, \tau_{zz} = 0$。按照 Graves(1996)的方法,若更新自由界面和自由界面一下 3 个平面内的部分变量,需要自由界面以上的"假想网格面"。自由界面及其以上的的应力值通过应用反对称性的特性得到,即应力值以自由界面为对称平面,界面上下的值互为相反数,如:

$$\tau_{zz}(i,j,0) = 0, \tau_{zz}(i,j,-k) = -\tau_{zz}(i,j,k)$$

$$\tau_{xx}\left(i + 1/2, j, -\frac{2k-1}{2}\right) = -\tau_{xx}\left(i + 1/2, j, \frac{2k-1}{2}\right)$$

$$\tau_{yz}\left(i, j + 1/2, -\frac{2k-1}{2}\right) = -\tau_{yz}\left(i, j + 1/2, \frac{2k-1}{2}\right)$$

$$\tau_{xx}\left(i + 1/2, j, -\frac{2k-1}{2}\right) = -\tau_{xx}\left(i + 1/2, j, \frac{2k-1}{2}\right)$$

界面以上的质点速度分量都设为 $0^{[64]}$。图 3-10 给出了 XOZ 平面的 8 阶精度自由界面上虚拟平面的示意图。结合上述两个条件,下面给出自由界面及以下几个平面上的变量更新表达式:

在自由界面处($k = 0$)的变量有 $\tau_{xx}, \tau_{yy}, \sigma_{zz}, \tau_{xy}, v_x, v_y$

$$L_t \sigma_{xx}^{n+1/2}(i,j,0) = \frac{4\mu(\mu + \lambda)}{\lambda + 2\mu} L_x^m v_x(i,j,0) + \frac{2\mu\lambda}{\lambda + 2\mu} L_y^m v_y(i,j,0)$$

$$L_t \sigma_{yy}^{n+1/2}(i,j,0) = \frac{4\mu(\mu + \lambda)}{\lambda + 2\mu} L_y^m v_y(i,j,0) + \frac{2\mu\lambda}{\lambda + 2\mu} L_x^m v_x(i,j,0)$$

$$\sigma_{zz}^{n+1}(i,j,0) = 0$$

$$L_t^{n+\frac{1}{2}}(\tau_{xy}) = \mu \left[L_x^m v_y \left(i + \frac{1}{2}, j + \frac{1}{2}, 0\right) + L_y^m v_x \left(i + \frac{1}{2}, j + \frac{1}{2}, 0\right) \right]$$

$$\rho L_t^n(v_x) = L_x^m \sigma_{xx}\left(i + \frac{1}{2}, j, 0\right) + L_y^m \tau_{xy}\left(i + \frac{1}{2}, j, 0\right) + \frac{2}{\Delta z \sum_{m=1}^{4}} \alpha_m \tau_{xx}\left(i + \frac{1}{2}, j, \frac{2m-1}{2}\right)$$

$$\rho L_t^n(v_y) = L_x^m \sigma_{xy}\left(i, j + \frac{1}{2}, k\right) + L_y^m \tau_{yy}\left(i, j + \frac{1}{2}, k\right) + \frac{2}{\Delta z \sum_{m=1}^{4}} \alpha_m \tau_{yz}\left(i, j + \frac{1}{2}, \frac{2m-1}{2}\right)$$

在 $k=1/2$ 处,需要更新的变量有 v_z,τ_{xz},τ_{yz}:

$$\rho L_t^n(v_z) = L_x^m\tau_{xz}\left(i,j,\frac{1}{2}\right) + L_y^m\tau_{yz}\left(i,j,\frac{1}{2}\right) + \frac{1}{\Delta z}\sum_{m=1}^{4}\alpha_m\left[\sigma_{zz}(i,j,m) + \sigma_{zz}(i,j,m-1)\right]$$

为了更新 $z=1/2$ 处的 τ_{xz},需要自由界面及以上三层网格节点位置的 v_x,采用将自由界面上的所有质点速度置为 0 的方法(Robertsson,1996),可以得到:

$$L^{n+\frac{1}{2}}{}_t(\tau_{xz}) =$$
$$\mu\left[\frac{1}{\Delta z}\left(\sum_{m=1}^{4}\alpha_m v_x(i+\frac{1}{2},j,m) - \alpha_1 v_x(i+\frac{1}{2},j,0)\right) + L_x^m v_s(i+\frac{1}{2},j,k+\frac{1}{2})\right]$$

$$L^{n+\frac{1}{2}}{}_t(\tau_{yz}) =$$
$$\mu\left[\frac{1}{\Delta z}\left(\sum_{m=1}^{4}\alpha_m v_y(i,j+\frac{1}{2},m) - \alpha_1 v_y(i,j+\frac{1}{2},0)\right) + L_z^m v_y(i,j+\frac{1}{2},k+\frac{1}{2})\right]$$

类似的,可以得到以下 z 节点上的变量值。

在 $k=1$ 处,需要更新的变量有 $\tau_{xx},\tau_{yy},\sigma_{zz},\tau_{xy},v_x,v_y$:

$$L_t\sigma_{xx}^{n+1/2}(i,j,1) =$$
$$(\lambda+2\mu)L_x^m v_x(i,j,1) + \lambda L_y^m v_y(i,j,1) + \frac{\lambda}{\Delta z}\left[\sum_{m=1}^{4}\alpha_m v_z\left(i,j,\frac{2m+1}{2}\right) - a_1 v_z(i,j,1/2)\right]$$

$$L_t\sigma_{yy}^{n+1/2}(i,j,1) =$$
$$(\lambda+2\mu)L_y^m v_y(i,j,k) + \lambda L_x^m v_x(i,j,k) + \frac{\lambda}{\Delta z}\left[\sum_{m=1}^{4}\alpha_m v_z\left(i,j,\frac{2m+1}{2}\right) - a_1 v_z(i,j,1/2)\right]$$

$$L_t\sigma_{zz}^{n+1/2}(i,j,k) =$$
$$\frac{\lambda+2\mu}{\Delta z}\left[\sum_{m=1}^{4}\alpha_m v_z\left(i,j,\frac{2m+1}{2}\right) - a_1 v_z(i,j,1/2)\right] + \lambda L_x^m v_x(i,j,k) + \lambda L_y^m v_y(i,j,k)$$

$$L_t^{n+\frac{1}{2}}(\tau_{xy}) = \mu\left[L_x^m v_y(i+\frac{1}{2},j+\frac{1}{2},1) + L_y^m v_x(i+\frac{1}{2},j+\frac{1}{2},1)\right]$$

$$\rho L_t^n(v_x) = L_x^m\sigma_{xx}\left(i+\frac{1}{2},j,k\right) + L_y^m\tau_{xy}\left(i+\frac{1}{2},j,k\right) +$$
$$\frac{1}{\Delta z}\left\{a_1\left[\tau_{xz}\left(i+\frac{1}{2},j,\frac{3}{2}\right) - \tau_{xz}\left(i+\frac{1}{2},j,\frac{1}{2}\right)\right] +$$
$$\sum_{m=1}^{4}a_m\left[\tau_{xz}\left(i+\frac{1}{2},j,\frac{2m+1}{2}\right) + \tau_{xz}\left(i+\frac{1}{2},j,\frac{2m-3}{2}\right)\right]\right\}$$

$$\rho L_t^n(v_y) = L_x^m\sigma_{xy}\left(i,j+\frac{1}{2},k\right) + L_y^m\tau_{yy}\left(i,j+\frac{1}{2},k\right) +$$
$$\frac{1}{\Delta z}\left\{a_1\left[\tau_{yz}\left(i,j+\frac{1}{2},\frac{3}{2}\right) - \tau_{yz}\left(i,j+\frac{1}{2},\frac{1}{2}\right)\right] +$$
$$\sum_{m=1}^{4}a_m\left[\tau_{yz}\left(i,j+\frac{1}{2},\frac{2m+1}{2}\right) + \tau_{yz}\left(i,j+\frac{1}{2},\frac{2m-3}{2}\right)\right]\right\}$$

同理,可以得到 $k=3/2,2,5/2,3,7/2,4,9/2$ 平面上的变量更新式。

另一种处理自由界面的方法是假设自由界面上是真空的,令其纵横波速度和密度无限小(Randall,1989),这种方法的优点在于与内部节点的处理方式一致,不规则地表也可以像模拟内部分界面一样简易。可是数值试验证明这种方法仅对二阶交错网格是稳定的,但对大多数 3D 模拟而言,二阶精度意味着需要更多的采样点,因此"真空法"不适合 3D 波场模拟。

3.1.6 模拟震源

模拟震源即是通过在应力或者速度分量上添加一个震源项,合理的震源项是保证模拟精度和准确度的前提。在交错网格模拟中,将震源看成一个网格点上的激励:本节采用常用的零相位雷克子波作为震源子波,其表达式为:

$$f(t) = \left[1 - 2 \times (\pi f_{pead} \cdot t)^2\right] e^{-(\pi f_{pead} \cdot t)^2} \tag{3-31}$$

式中,f_{pead} 为雷克子波的峰值频率,一般取 $20 \sim 60$ Hz。

图 3-11 显示了主频为 30 Hz 的延迟的雷克子波和子波的振幅谱。需要注意的是,在数值计算中,雷克子波为零相位子波,为保证不发生频散,需要将其向右延迟 $1/f_{pead}$ 的时间,即一个旁瓣的时长。

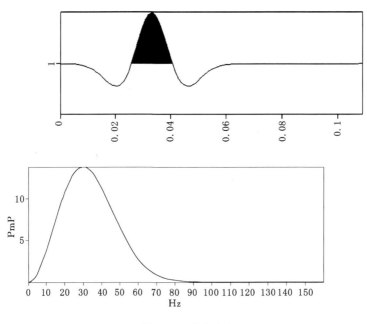

图 3-11 雷克子波

(a) 振幅谱;(b) 震源加载方式

震源的加载有集中力源、纵波震源(爆炸震源)、全波震源、纯剪切震源和等能量震源[65]。

集中力源是将震源函数加载在震源所在点的单一速度分量上,在三维介质下,又可分以下三种情况(图 3-12):

在质点水平分量,即 V_x 上添加分量;

在质点垂直分量,即 V_z 上添加分量;

在质点 Y 轴分量,即 V_y 上添加分量;

此类震源加载方式能激发纵波和横波,但是会根据不同的加载方式呈现不同的方向特性。图 3-14 和图 3-15 给出了二维情况下不同集中力源的波场快照,显示了两种情况的方向特性。图 3-14 中,集中力源方向为 x 方向,因此波场 x 分量的纵波在水平方向能量最强,在垂直两个方向上能量为 0;横波能量在垂直方向上最强,水平方向能量为 0。波场的 z 分量快照中,纵波除垂直方向的能量为 0 外,水平方向的 V_z 能量也为 0;横波除在水平方向 V_z 能量为 0 外,在垂直方向上能量也为 0。Z 方向的集中力源也明显表现出了方向特性。

全波震源是将震源函数加载到所在点的所有速度分量上,相当于联合使用三个不同方向的集中力源。此类震源将产生横波和纵波两种类型的波,如图 3-16 所示。

纵波震源是将震源函数加载到震源所在点的正应力上或者是利用震源周围最近的质点速度的所有分量,使其形成一个以震源为中心的径向力,如图 3-13 中黑色实现圆所包含的速度分量所示,负方向应力可用负的子波值表示,四个力都是径向的。在均匀各向同性介质中纵波震源只产生纵波,如图 3-17 所示。

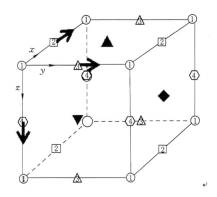

图 3-12 集中力源加载的三种情况

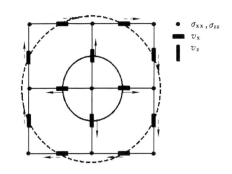

图 3-13 纵波震源、纯剪切力震源和
等能量震源的加载方式

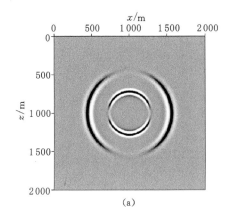

(a)

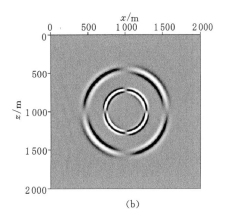

(b)

图 3-14 集中力源 X 方向激发波长
(a) x 分量(左);(b) z 分量(右)

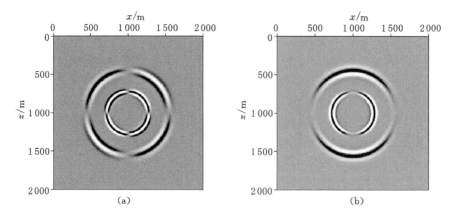

图 3-15　集中力源 z 方向激发波长

(a) x 分量(左);(b) z 分量(右)

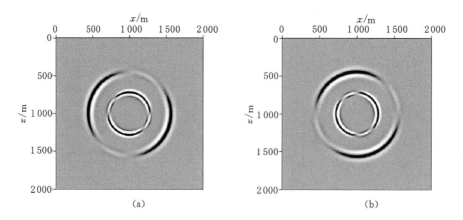

图 3-16　全波震源 F 方向激发波长

(a) x 分量(左);(b) z 分量(右)

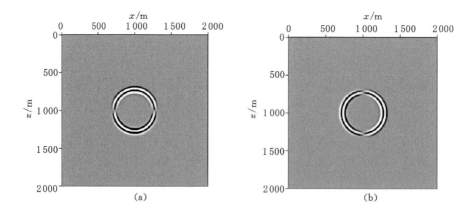

图 3-17　纵波(爆炸)震源产生的波场快照

(a) x 分量(左);(b) z 分量(右)

纯剪切震源是,通过在以震源为中心的对应质点速度分量添加或正或负的震源子波,使其形成一个绕震源的旋转的合力,如图 3-13 中外侧虚线圆所包含的速度分量节点,合力的效果是产生纯剪切波。此类震源在均匀各向同性介质中只产生横波,如图 3-18 所示。

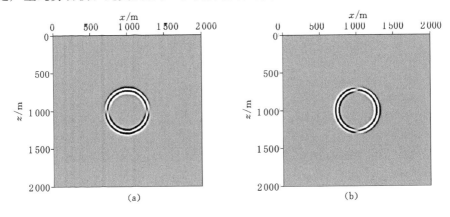

图 3-18 纯剪切力震源的波场快照
(a) x 分量(左);(b) z 分量(右)

将纵波震源和纯剪切震源结合,即形成等能量震源,可同时产生纵波和横波,且能量相等,同时消除了集中力源所表现出的方向特性,如图 3-19 所示。

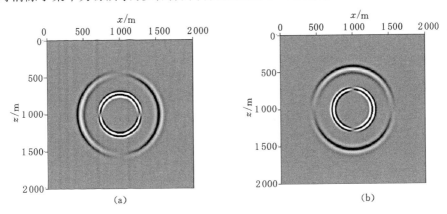

图 3-19 等能量震源波场快照(含横波和纵波)
(a) x 分量(左);(b) z 分量(右)

3.1.7 数值模拟算例

本节给出了几种不同速度模型的数值模拟例子,包括均匀介质、层状介质和其他复杂介质。讨论了地震波在介质中传播出现的特殊现象,并从地震记录中提取了不同类型的波。

(1) 均匀介质

均匀介质即介质所有位置处的物性参数是相同的,包括纵、横波速度、密度。如图 3-20 所示,采用 NX=NY=NZ=100,PML 层数 20,纵波速度 3 000 m/s,横波速度 1 500 m/s,密度 2.1 g/cm³。震源位于模型正中央,震源子波雷克子波主频 10 Hz,空间间隔为 10 m,时间间隔取 0.001 795 37。图 3-21(a)、图 3-21(b)分别显示了爆炸震源和集中力源产生的波场快照。爆炸震源只产生了纵波,集中力源产生了纵波和横波。图 3-22(a)为未加 PML 吸收边界条件的波场,图 3-22(b)为加了 PML 吸收边界条件后的波场。对比图 3-22(a)和图 3-22(b)可以看出加了边界后边界反射吸收了很多,效果比较明显。

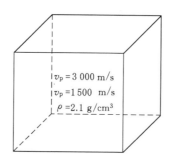

图 3-20　均匀介质模型及参数

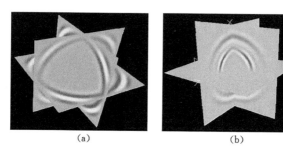

(a)　　　　　　　　　　　(b)

图 3-21　均匀弹性介质中的某时刻波场快照

(a)爆炸震源波场快照;(b) X 方向集中力源波场快照

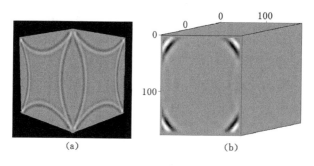

(a)　　　　　　　　　　　(b)

图 3-22　三维 PML 吸收边界条件的吸收效果

(a)未加 PML 吸收边界;(b)加吸收边界

　　记录介质 XOY 表面的 X 分量的三维地震记录(X 方向、Y 方向和时间 T 方向),按照以下三种方式显示:① 显示某 XOZ 切片内的记录;② 显示某 XOY 切片的记录;③ 全三维显示。结果见图 3-23,从图 3-23(a)中可以看到由于是均匀介质,地震记录只接收到了直达纵波和直达横波。在 XOY 平面内[图 3-23(b)],则波的时距曲线为两个同心圆,半径小者为横波接收时间,半径大者为纵波接收时间。图 3-23(c)证实了三维地震记录的直达波时距曲面是一个圆锥面。

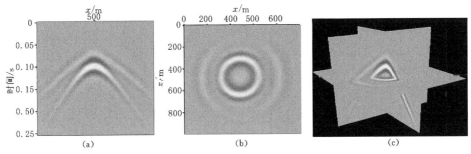

图 3-23　均匀介质地震记录的三种显示方法

(a) *XOZ* 切片地震记录；(b) *XOY* 平面地震记录；(c) 地震记录的三维立体显示

（2）3D Marmousi 模型

设置 Marmousi 模型（图 3-24）横波速度为纵波速度的 0.6 倍，将爆炸震源至于自由表面中心处，空间步长取 $dx=dy=5$，$dz=3$，选用 25 Hz 主频雷克子波，得到一系列波场快照（图 3-25）及垂直测线和水平测线的地震记录（图 3-26）。通过 8 阶有限差分格式，达到了抑制频散和减轻边界反射的目的。但由于 Marmousi 模型内部参数的不均匀性，很难直观观察到反射纵波、横波和透射纵横波等类型的波。

图 3-24　2.5DMarmousi 模型示意图

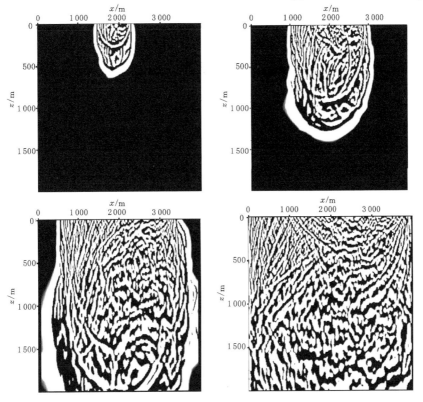

图 3-25　Marmousi 模型波场快照

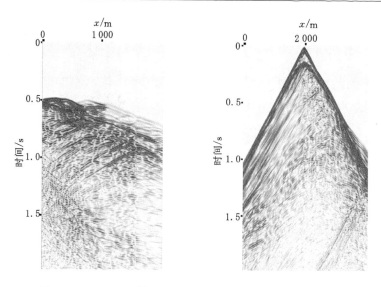

图 3-26　Marmousi 模型地震记录(左:垂直测线 右:水平测线)

3.2　VTI 介质时间—空间域交错网格弹性波方程有限差分方法

3.2.1　一阶速度—应力 VTI 介质弹性波方程

地震波在各向异性弹性介质中传播的波动特征可以由波动方程完全描述。各向异性介质的一般波动方程可由弹性动力学的三个基本方程建立。

① 本构方程(又称广义胡克定律)描述应力与应变的关系,反映了介质的固有物理性质[57]。

$$
\begin{bmatrix} \sigma_{xx} \\ \sigma_{yy} \\ \sigma_{zz} \\ \tau_{yz} \\ \tau_{zx} \\ \tau_{xy} \end{bmatrix} = \begin{bmatrix} C_{11} & C_{12} & C_{13} & C_{14} & C_{15} & C_{16} \\ C_{21} & C_{22} & C_{23} & C_{24} & C_{25} & C_{26} \\ C_{31} & C_{32} & C_{33} & C_{34} & C_{35} & C_{36} \\ C_{41} & C_{42} & C_{43} & C_{44} & C_{45} & C_{46} \\ C_{51} & C_{52} & C_{53} & C_{54} & C_{55} & C_{56} \\ C_{61} & C_{62} & C_{63} & C_{64} & C_{65} & C_{66} \end{bmatrix} \cdot \begin{bmatrix} e_{xx} \\ e_{yy} \\ e_{zz} \\ e_{yz} \\ e_{zx} \\ e_{xy} \end{bmatrix}
\tag{3-32}
$$

式中,σ_{xx},σ_{yy},σ_{zz} 为正应力分量;τ_{yz},τ_{zx},τ_{xy} 为切向应力分量;C_{ij}($i,j=1,6$)为弹性系数;e_{xx},e_{yy},e_{zz},e_{yz},e_{zx},e_{xy} 为应变分量。

在 VTI 介质中式(3-32)可写成:

$$\begin{bmatrix} \sigma_{xx} \\ \sigma_{yy} \\ \sigma_{zz} \\ \tau_{yz} \\ \tau_{zx} \\ \tau_{xy} \end{bmatrix} = \begin{bmatrix} C_{11} & C_{12} & C_{13} & 0 & 0 & 0 \\ C_{12} & C_{33} & C_{13} & 0 & 0 & 0 \\ C_{13} & C_{13} & C_{33} & 0 & 0 & 0 \\ 0 & 0 & 0 & C_{44} & 0 & 0 \\ 0 & 0 & 0 & 0 & C_{55} & 0 \\ 0 & 0 & 0 & 0 & 0 & C_{66} \end{bmatrix} \cdot \begin{bmatrix} e_{xx} \\ e_{yy} \\ e_{zz} \\ e_{yz} \\ e_{zx} \\ e_{xy} \end{bmatrix} \qquad (3\text{-}33)$$

式中, $C_{66} = \dfrac{1}{2}(C_{11} - C_{12})$,在这种情况下有 5 个独立的弹性变量。

② 运动平衡微分方程(又称为纳维尔(Navier)方程)[58],描述的是位移、应力之间的关系,是牛顿第二定律的微分形式。

$$\begin{cases} \dfrac{\partial \sigma_{xx}}{\partial x} + \dfrac{\partial \tau_{xy}}{\partial y} + \dfrac{\partial \tau_{xz}}{\partial z} + \rho f_x = \rho \dfrac{\partial^2 u_x}{\partial t^2} \\[2mm] \dfrac{\partial \tau_{yx}}{\partial x} + \dfrac{\partial \sigma_{yy}}{\partial y} + \dfrac{\partial \tau_{yz}}{\partial z} + \rho f_y = \rho \dfrac{\partial^2 u_y}{\partial t^2} \\[2mm] \dfrac{\partial \tau_{zx}}{\partial x} + \dfrac{\partial \tau_{zy}}{\partial y} + \dfrac{\partial \sigma_{zz}}{\partial z} + \rho f_z = \rho \dfrac{\partial^2 u_z}{\partial t^2} \end{cases} \qquad (3\text{-}34)$$

式中, u_x, u_y, u_z 为位移分量, $\rho f_x, \rho f_y, \rho f_z$ 为体力分量。

③ 几何方程又称柯西(Cauchy)方程[59],表示弹性体在外力作用下弹性体内各点的应变 $(e_{i,j})$ 与位移 (u, v, w) 之间关系。

$$\begin{cases} e_{xx} = \dfrac{\partial u_x}{\partial x}, e_{xy} = \dfrac{\partial u_y}{\partial x} + \dfrac{\partial u_x}{\partial y} \\[2mm] e_{yy} = \dfrac{\partial u_y}{\partial y}, e_{yz} = \dfrac{\partial u_z}{\partial y} + \dfrac{\partial u_y}{\partial z} \\[2mm] e_{zz} = \dfrac{\partial u_z}{\partial z}, e_{zx} = \dfrac{\partial u_x}{\partial z} + \dfrac{\partial u_z}{\partial x} \end{cases} \qquad (3\text{-}35)$$

将几何方程式(3-35)代入式(3-33)并对式(3-33)两边求时间 t 的偏导数,同时将位移速度 $V_x = \partial u_x / \partial t$, $V_y = \partial u_y / \partial t$, $V_z = \partial u_z / \partial t$ 代入,可得一阶微分方程组:

$$\begin{cases} \dfrac{\partial \sigma_{xx}}{\partial t} = C_{11} \dfrac{\partial V_x}{\partial x} + C_{12} \dfrac{\partial V_y}{\partial y} + C_{13} \dfrac{\partial V_z}{\partial z} \\[2mm] \dfrac{\partial \sigma_{yy}}{\partial t} = C_{21} \dfrac{\partial V_x}{\partial x} + C_{22} \dfrac{\partial V_y}{\partial y} + C_{23} \dfrac{\partial V_z}{\partial z} \\[2mm] \dfrac{\partial \sigma_{zz}}{\partial t} = C_{31} \dfrac{\partial V_x}{\partial x} + C_{32} \dfrac{\partial V_y}{\partial y} + C_{33} \dfrac{\partial V_z}{\partial z} \\[2mm] \dfrac{\partial \sigma_{yz}}{\partial t} = C_{44} \left(\dfrac{\partial V_y}{\partial z} + \dfrac{\partial V_z}{\partial y} \right) \\[2mm] \dfrac{\partial \sigma_{xz}}{\partial t} = C_{55} \left(\dfrac{\partial V_x}{\partial z} + \dfrac{\partial V_z}{\partial x} \right) \\[2mm] \dfrac{\partial \sigma_{xy}}{\partial t} = \dfrac{1}{2}(C_{11} - C_{12}) \left(\dfrac{\partial V_y}{\partial x} + \dfrac{\partial V_x}{\partial y} \right) \end{cases} \qquad (3\text{-}36)$$

联合方程式(3-33)和式(3-36),便可以得到横向各向同性介质(TI)中用质点速度和应力表示的一阶弹性波方程。2.5 维情况下的弹性波方程为:

$$\begin{cases} \rho \dfrac{\partial V_x}{\partial t} = \dfrac{\partial \sigma_{xx}}{\partial x} + \dfrac{\partial \sigma_{xz}}{\partial z} \\[2mm] \rho \dfrac{\partial V_y}{\partial t} = \dfrac{\partial \sigma_{yx}}{\partial x} + \dfrac{\partial \sigma_{yz}}{\partial z} \\[2mm] \rho \dfrac{\partial V_z}{\partial t} = \dfrac{\partial \sigma_{zx}}{\partial x} + \dfrac{\partial \sigma_{zz}}{\partial z} \\[2mm] \dfrac{\partial \sigma_{xx}}{\partial t} = C_{11} \dfrac{\partial V_x}{\partial x} + C_{13} \dfrac{\partial V_z}{\partial z} \\[2mm] \dfrac{\partial \sigma_{zz}}{\partial t} = C_{13} \dfrac{\partial V_x}{\partial x} + C_{33} \dfrac{\partial V_z}{\partial z} \\[2mm] \dfrac{\partial \sigma_{xz}}{\partial t} = C_{44} \dfrac{\partial V_z}{\partial x} + C_{44} \dfrac{\partial V_x}{\partial z} \\[2mm] \dfrac{\partial \sigma_{yz}}{\partial t} = C_{44} \dfrac{\partial V_y}{\partial z} \\[2mm] \dfrac{\partial \sigma_{xy}}{\partial t} = C_{66} \dfrac{\partial V_y}{\partial x} \end{cases} \qquad (3\text{-}37)$$

对式(3-37)网格离散化就可以对横向各向同性介质进行弹性波场数值模拟。

3.2.2　一阶速度—应力 VTI 介质弹性波方程的差分格式

当一个函数 $f(t)$ 和它的各阶导数是变量 t 的单值的、有限的和连续的函数时,可用 Taylor 公式展开为[60]:

$$f\left(t + \frac{\Delta t}{2}\right) = f(t) + \frac{\partial f}{\partial t} \frac{\Delta t}{2} + \frac{1}{2!} \frac{\partial^2 f}{\partial t^2} \left(\frac{\Delta t}{2}\right)^2 + \frac{1}{3!} \frac{\partial^3 f}{\partial t^3} \left(\frac{\Delta t}{2}\right)^3 + \frac{1}{m!} \frac{\partial^m f}{\partial t^m} \left(\frac{\Delta t}{2}\right)^m + 0(\Delta t^m)$$

$$(3\text{-}38a)$$

$$f\left(t - \frac{\Delta t}{2}\right) = f(t) - \frac{\partial f}{\partial t} \frac{\Delta t}{2} + \frac{1}{2!} \frac{\partial^2 f}{\partial t^2} \left(\frac{\Delta t}{2}\right)^2 - \frac{1}{3!} \frac{\partial^3 f}{\partial t^3} \left(\frac{\Delta t}{2}\right)^3 + \frac{1}{m!} \frac{\partial^m f}{\partial t^m} \left(- \frac{\Delta t}{2}\right)^3 + 0(\Delta t^m)$$

$$(3\text{-}38b)$$

以上两式相减可以得到 $2M$ 阶时间精度的差分近似式

$$f\left(t + \frac{\Delta t}{2}\right) = f\left(t - \frac{\Delta t}{2}\right) + 2 \times \sum_{m=1}^{M} \frac{1}{(2m-1)!} \times \left(\frac{\Delta t}{2}\right)^{2m-1} \times \frac{\partial^{2m-1} f}{\partial^{2m-1} t} + 0(\Delta t^{2M}) \quad (3\text{-}39)$$

式中,Δt 为时间步长,当 $M=1$ 时,式(3-39)即为传统的二阶精度差分格式。

如果直接按照式(3-39)将一阶速度—应力弹性波方程组(3-37)转化为差分方程,计算高阶微分式 $\dfrac{\partial^{2m-1} f}{\partial^{2m-1} t}$ 要涉及多个时间层,需要很大的内存量。因此,利用方程组(3-37)中速度与应力之间的关系,将速度对时间的任意奇数阶高阶导数转嫁到应力对空间的导数上去,将应力对时间的任意奇数阶高阶导数转嫁到速度对空间的导数上去,这样在计算一个时间层上速度(应力)场时,只需要前一时间的速度(应力)场,以及两个时间之间的应力(速度)场,不需要过多的时间层,从而节省了内存。

在交错网格技术中,对空间变量的导数是在相应的空间变量网格点之间的半程上计算的,对于空间函数 $f(x)$,根据 Taylor 级数展开式有:

$$\frac{\partial f}{\partial x} = a_1 \frac{f\left(x + \frac{\Delta x}{2}\right) - f\left(x - \frac{\Delta x}{2}\right)}{\Delta x} + a_2 \frac{f\left(x + \frac{3\Delta x}{2}\right) - f\left(x - \frac{3\Delta x}{2}\right)}{3\Delta x} +$$

$$a_3 \frac{f(x + \frac{5\Delta x}{2}) - f(x - \frac{5\Delta x}{2})}{5\Delta x} + \cdots$$

$$= C_1^{(N)} \frac{f(x + \frac{\Delta x}{2}) - f(x - \frac{\Delta x}{2})}{\Delta x} + C_2^{(N)} \frac{f(x + \frac{3\Delta x}{2}) - f(x - \frac{3\Delta x}{2})}{\Delta x} +$$

$$C_3^{(N)} \frac{f(x + \frac{5\Delta x}{2}) - f(x - \frac{5\Delta x}{2})}{\Delta x} + \cdots \tag{3-40}$$

$C_i^{(N)}$ 为待定差分权系数,将 $f(x \pm \frac{(2n-1)\Delta x}{2})$ 在 x 处分别 Taylor 级数展开可得

$$\frac{\partial f}{\partial x} = C_1^{(N)} [\Delta x \frac{\partial f}{\partial x} + \frac{1}{3}(\frac{\Delta x}{2})^3 \frac{\partial^3 f}{\partial x^3} + \cdots]/\Delta x + C_2^{(N)}[3\Delta x \frac{\partial f}{\partial x} + \frac{1}{3}(\frac{3\Delta x}{2})^3 \frac{\partial^3 f}{\partial x^3} + \cdots]/\Delta x +$$

$$C_3^{(N)}[5\Delta x \frac{\partial f}{\partial x} + \frac{1}{3}(\frac{5\Delta x}{2})^3 \frac{\partial^3 f}{\partial x^3} + \cdots]/\Delta x + C_4^{(N)}[7\Delta x \frac{\partial f}{\partial x} + \frac{1}{3}(\frac{7\Delta x}{x})^3 \frac{\partial^3 f}{\partial x^3} + \cdots]/\Delta x + \cdots \tag{3-41}$$

将式(3-41)进行同类项合并可以列出方程组

$$\begin{cases} C_1^{(N)} + 3C_2^{(N)} + 5C_3^{(N)} + 7C_4^{(N)} + \cdots = 1 \\ C_1^{(N)} + 3^3 C_2^{(N)} + 5^3 C_3^{(N)} + 7^3 C_4^{(N)} + \cdots = 0 \\ C_1^{(N)} + 3^5 C_2^{(N)} + 5^5 C_3^{(N)} + 7^5 C_4^{(N)} + \cdots = 0 \\ \vdots \\ C_1^{(N)} + 3^{2N-1} C_2^{(N)} + 5^{2N-1} C_3^{(N)} + 7^{2N-1} C_4^{(N)} + \cdots = 0 \end{cases} \tag{3-42}$$

将式(3-42)写成矩阵形式可以得到以待定差分权系数 $C_i^{(N)}$ 为变量的方程[61]

$$\begin{bmatrix} 1 & 3 & 5 & \cdots & 2N-1 \\ 1^3 & 3^3 & 5^3 & \cdots & (2N-1)^3 \\ 1^5 & 3^5 & 5^3 & \cdots & (2N-1)^5 \\ \vdots & \vdots & \vdots & & \vdots \\ 1^{2N-1} & 3^{2N-1} & 5^{2N-1} & \cdots & (2N-1)^{2N-1} \end{bmatrix} \begin{bmatrix} C_1^{(N)} \\ C_2^{(N)} \\ C_3^{(N)} \\ \vdots \\ C_N^{(N)} \end{bmatrix} = \begin{bmatrix} 1 \\ 0 \\ 0 \\ \vdots \\ 0 \end{bmatrix} \tag{3-43}$$

通过求解方程式(3-43)可以求出不同空间差分精度的差分权系数 $C_i^{(N)}$:

① $N=1$ 时,$C_1^1 = 1$;

② $N=2$ 时,$C_1^{(2)} = \frac{9}{8}$,$C_2^{(2)} = -\frac{1}{24}$;

③ $N=3$ 时,$C_1^{(3)} = \frac{75}{64}$,$C_2^{(3)} = -\frac{25}{384}$,$C_3^{(3)} = \frac{3}{640}$;

④ $N=4$ 时,$C_1^{(4)} = \frac{1\,225}{1\,024}$,$C_2^{(4)} = -\frac{245}{3\,072}$,$C_3^{(4)} = \frac{49}{5\,120}$,$C_4^{(4)} = -\frac{5}{7\,168}$。

将差分权系数 $C_i^{(N)}$ 代入式(3-41)中可得 $2N$ 阶空间差分精度的差分方程式:

$$\frac{\partial f}{\partial x} = \frac{1}{\Delta x} \sum_{i=1}^{N} C_i^{(N)} \{f[x + \frac{\Delta x}{2}(2i-1)] - f[x - \frac{\Delta x}{2}(2i-1)]\} + O(\Delta x^{2N}) \tag{3-44}$$

利用式(3-44)和式(3-39),可以得到方程式(3-37)$2M$ 阶时间、$2N$ 阶空间差分精度的差分格式。采用图 3-27 所示的交错网格,水平速度分量 V_x 和 V_y 定义在离散结点 (m,n) 上,垂直速度分量 V_z 定义在离散结点 $(m+1/2, n+1/2)$ 上,正应力 σ_{xx}、σ_{zz} 和切应力 σ_{xy} 定义在

离散结点$(m+1/2,n)$上,切应力 σ_{xx} 和 σ_{yz} 定义在离散结点$(m,n+1/2)$。在对空间进行交错网格差分的同时,在时间上也进行交错差分,质点速度分量 V_x,V_y,V_z 定义在离散时间 $k-1/2$ 和 $k+1/2$ 上,应力分量 $\sigma_{xx}\ \sigma_{zz}\ \sigma_{xx}\ \sigma_{xy}\ \sigma_{yz}$ 定义在离散时间 k 和 $k+1$ 上。

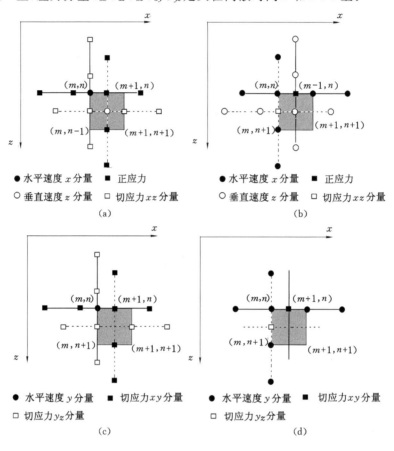

图 3-27　交错网格

(a) x、z 分量质点速度有限差分交错网格;(b) x、z 方向应力有限差分交错网格;

(c) 质点速度有限差分交错网格;(d) 应力有限差分交错网格

当 $2M=4$ 时,质点速度分量 V_x,V_y,V_z,应力分量 $\sigma_{xx}\ \sigma_{zz}\ \sigma_{xx}\ \sigma_{yz}\ \sigma_{xy}$ 在时间上的差分格式为:

$$V_x(t+\frac{\Delta t}{2}) = V_x(t-\frac{\Delta t}{2}) + \frac{\Delta t}{\rho}(\frac{\partial \sigma_{xx}}{\partial x}+\frac{\partial \sigma_{xz}}{\partial z}) + \frac{\Delta t^3}{24\rho^2}\big[C_{11}\frac{\partial^3 \sigma_{xx}}{\partial x^3}+$$

$$(C_{11}+C_{13}+C_{44})\frac{\partial^3 \sigma_{xz}}{\partial x^2 \partial z}+C_{44}\frac{\partial^3 \sigma_{xx}}{\partial z^2 \partial x}+C_{44}\frac{\partial^3 \sigma_{xz}}{\partial z^3}+(C_{13}+C_{44})\frac{\partial^3 \sigma_{zz}}{\partial x \partial z^2}\big]$$

$$(3\text{-}45\text{a})$$

$$V_y(t+\frac{\Delta t}{2}) = V_y(t-\frac{\Delta t}{2}) + \frac{\Delta t}{\rho}(\frac{\partial \sigma_{yx}}{\partial x}+\frac{\partial \sigma_{yz}}{\partial z}) + \frac{\Delta t^3}{24\rho^2}\big[C_{66}\frac{\partial^3 \sigma_{yx}}{\partial x^3}+C_{66}\frac{\partial^3 \sigma_{yz}}{\partial x^2 \partial z}+$$

$$C_{44}\frac{\partial^3 \sigma_{yx}}{\partial x \partial z^2}+C_{44}\frac{\partial^3 \sigma_{yz}}{\partial z^3}$$

$$(3\text{-}45\text{b})$$

$$V_z(t+\frac{\Delta t}{2}) = V_z(t-\frac{\Delta t}{2}) + \frac{\Delta t}{\rho}(\frac{\partial \sigma_{zx}}{\partial x}+\frac{\partial \sigma_{zz}}{\partial z}) + \frac{\Delta t^3}{24\rho^2}\big[C_{33}\frac{\partial^3 \sigma_{zz}}{\partial z^3}+$$

$$\left(C_{13}+C_{33}+C_{44}\right)\frac{\partial^3 \sigma_{zx}}{\partial z^2 \partial x}+C_{44}\frac{\partial^3 \sigma_{zz}}{\partial x^2 \partial z}+C_{44}\frac{\partial^3 \sigma_{zx}}{\partial x^3}+\left(C_{33}+C_{44}\right)\frac{\partial^3 \sigma_{xx}}{\partial z \partial x^2}]$$

$$\text{(3-45c)}$$

$$\sigma_{xx}\left(t+\frac{\Delta t}{2}\right)=\sigma_{xx}\left(t-\frac{\Delta t}{2}\right)+\Delta t\times\left[C_{11}\frac{\partial V_x}{\partial x}+C_{13}\frac{\partial V_z}{\partial z}\right]+\frac{\Delta t^3}{24\rho}[C_{11}^2\frac{\partial^3 V_x}{\partial x^3}+C_{13}C_{33}\frac{\partial^3 V_z}{\partial z^3}+$$

$$\left(C_{11}C_{13}+C_{11}C_{44}+C_{13}C_{44}\right)\frac{\partial^3 V_z}{\partial x^2 \partial z}+\left(C_{11}C_{44}+C_{13}C_{44}+C_{13}^2\right)\frac{\partial^3 V_x}{\partial z^2 \partial x}]\quad\text{(3-45d)}$$

$$\sigma_{zz}\left(t+\frac{\Delta t}{2}\right)=\sigma_{zz}\left(t-\frac{\Delta t}{2}\right)+\Delta t\times\left[C_{33}\frac{\partial V_z}{\partial z}+C_{13}\frac{\partial V_x}{\partial x}\right]+\frac{\Delta t^3}{24\rho}\times[C_{33}^2\frac{\partial^3 V_z}{\partial z^3}+C_{13}C_{33}\frac{\partial^3 V_x}{\partial x^3}+$$

$$\left(C_{33}C_{44}+C_{13}C_{44}+C_{33}C_{13}\right)\frac{\partial^3 V_x}{\partial z^2 \partial x}+\left(C_{33}C_{44}+C_{13}C_{44}+C_{13}{}^2\right)\frac{\partial^3 V_z}{\partial x^2 \partial z}]$$

$$\text{(3-45e)}$$

$$\sigma_{xz}\left(t+\frac{\Delta t}{2}\right)=\sigma_{xz}\left(t-\frac{\Delta t}{2}\right)+\Delta t\times\left[C_{44}\left(\frac{\partial V_x}{\partial z}+\frac{\partial V_z}{\partial x}\right)\right]+\frac{\Delta t^3}{24\rho}\times[C_{44}^2\frac{\partial^3 V_x}{\partial z^3}+C_{44}^2\frac{\partial^3 V_z}{\partial x^3}+$$

$$C_{44}\left(C_{11}+C_{44}+C_{13}\right)\frac{\partial^3 V_x}{\partial z \partial x^2}+C_{44}\left(C_{11}+C_{44}+C_{13}\right)\frac{\partial^3 V_z}{\partial x \partial z^2}]\quad\text{(3-45f)}$$

$$\sigma_{yz}\left(t+\frac{\Delta t}{2}\right)=\sigma_{yz}\left(t-\frac{\Delta t}{2}\right)+\Delta t\times C_{44}\times\frac{\partial V_y}{\partial z})]+\frac{\Delta t^3}{24\rho}\times C_{44}\times C_{66}\frac{\partial^3 V_y}{\partial z \partial x^2}+C_{44}^2\frac{\partial^3 V_y}{\partial z^3}$$

$$\text{(3-45g)}$$

$$\sigma_{xy}\left(t+\frac{\Delta t}{2}\right)=\sigma_{xy}\left(t-\frac{\Delta t}{2}\right)+\Delta t\times C_{66}\times\frac{\partial V_y}{\partial x}+\frac{\Delta t^3}{24\rho}\times[C_{66}^2\frac{\partial^3 V_y}{\partial x^3}+C_{44}\times C_{66}\frac{\partial^3 V_y}{\partial x \partial z^2}]\quad\text{(3-45h)}$$

设 $U_{i,j}^{k+1/2}, V_{i+1/2,j+1/2}^{k+1/2}, W_{i,j}^{k+1/2}, R_{i+1/2,j}^{k}, T_{i+1/2,j}^{k}, Q_{i+1/2,j}^{k}, S_{i,j+1/2}^{k}, H_{i,j+1/2}^{k}$ 分别是位移速度 V_x, V_y, V_z 与应力 $\sigma_{xx}, \sigma_{zz}, \sigma_{xz}, \sigma_{yz}, \sigma_{xy}$ 的离散值,$2M=8$ 时的位移速度的离散差分格式为:

$$U_{i,j}^{k+1/2}=U_{i,j}^{k-1/2}+\frac{\Delta t}{\rho_{i,j}}\{\sum_{n=1}^{N}\frac{1}{\Delta x}C_n^{(N)}\left[R_{i+(2n-1)/2,j}^{k}-R_{i-(2n-1)/2,j}^{k}\right]+$$

$$\sum_{n=1}^{N}\frac{1}{\Delta z}C_n^{(N)}\left[H_{i,j+(2n-1)/2}^{k}-H_{i,j-(2n-1)/2}^{k}\right]\}+\frac{(\Delta t)^3}{24\rho_{i,j}^2}pu\quad\text{(3-46a)}$$

$$V_{i+1/2,j+1/2}^{k+1/2}=V_{i+1/2,j+1/2}^{k-1/2}+\frac{\Delta t}{\rho_{i+1/2,j+1/2}}\{\sum_{n=1}^{N}\frac{1}{\Delta x}C_n^{(N)}\left[H_{i+n,j+1/2}^{k}-H_{i-(n-1),j+1/2}^{k}\right]+$$

$$\sum_{n=1}^{N}\frac{1}{\Delta z}C_n^{(N)}\left[T_{i+1/2,j+n}^{k}-T_{i+1/2,j-(n-1)}^{k}\right]\}+\frac{(\Delta t)^3}{24\rho_{i+1/2,j+1/2}^2}pv\quad\text{(3-46b)}$$

$$W_{i,j}^{k+1/2}=W_{i,j}^{k-1/2}+\frac{\Delta t}{\rho_{i,j}}\{\sum_{n=1}^{N}\frac{1}{\Delta x}C_n^{(N)}\left[Q_{i+n,j}^{k}-Q_{i-(n-1),j}^{k}\right]+$$

$$\sum_{n=1}^{N}\frac{1}{\Delta z}C_n^{(N)}\left[S_{i,j+(2n-1)/2}^{k}-S_{i,j-(2n-1)/2}^{k}\right]\}+\frac{(\Delta t)^3}{24\rho_{i,j}^2}pw\quad\text{(3-46c)}$$

$$R_{i+1/2,j}^{k}=R_{i+1/2,j}^{k-1}+\Delta t\times[C_{11}\sum_{n=1}^{N}\frac{1}{\Delta x}C_n^{(N)}\left(U_{i+n,j}^{k-1/2}-U_{i-(n-1),j}^{k-1/2}\right)+$$

$$C_{13}\sum_{n=1}^{N}\frac{1}{\Delta z}C_n^{(N)}\left(V_{i+1/2,j+(2n-1)/2}^{k-1/2}-V_{i+1/2,j-(2n-1)/2}^{k-1/2}\right)]+\frac{(\Delta t)^3}{24\rho_{i+1/2,j}}pr\quad\text{(3-46d)}$$

$$T_{i+1/2,j}^{k}=T_{i+1/2,j}^{k-1}+\Delta t\times[C_{33}\sum_{n=1}^{N}\frac{1}{\Delta z}C_n^{(N)}\left(V_{i+1/2,j+(2n-1)/2}^{k-1/2}-V_{i+1/2,j-(2n-1)/2}^{k-1/2}\right)+$$

$$C_{13} \sum_{n=1}^{N} \frac{1}{\Delta x} C_n^{(N)} (U_{i+n,j}^{k-1/2} \quad U_{i-(n-1),j}^{k-1/2})] + \frac{(\Delta t)^3}{24\rho_{i+1/2,j}} pt) \tag{3-46e}$$

$$Q_{i,j+1/2}^k = Q_{i,j+1/2}^{k-1} + \Delta t \times C_{66} [\sum_{n=1}^{N} \frac{1}{\Delta x} C_n^{(N)} (W_{i+n,j}^{k-1/2} - W_{i-(n-1),j}^{k-1/2})] + \frac{(\Delta t)^3}{24\rho_{i,j+1/2}} pq \tag{3-46f}$$

$$S_{i,j+1/2}^k = S_{i,j+1/2}^{k-1} + \Delta t \times C_{44} [\sum_{n=1}^{N} \frac{1}{\Delta z} C_n^{(N)} (W_{i,j+n}^{k-1/2} - W_{i,j-(n-1)}^{k-1/2})] + \frac{(\Delta t)^3}{24\rho_{i,j+1/2}} ps \tag{3-46g}$$

$$H_{i,j+1/2}^k = H_{i,j+1/2}^{k-1} + \Delta t \times [C_{44} \sum_{n=1}^{N} \frac{1}{\Delta z} C_n^{(N)} (U_{i,j+n}^{k-1/2} - U_{i,j-(n-1)}^{k-1/2}) +$$

$$C_{44} \sum_{n=1}^{N} \frac{1}{\Delta x} C_n^{(N)} (V_{i+(2n-1)/2,j+1/2}^{k+1/2} - V_{i-(2n-1)/2,j+1/2}^{k+1/2})] + \frac{(\Delta t)^3}{24\rho_{i,j+1/2}} ph \tag{3-46h}$$

其中，

$pu = pu_1 + pu_2 + pu_3 + pu_4 + pu_5$

$$pu_1 = \frac{C_{11}}{\Delta x^3} [R_{i+3/2,j}^k - 3R_{i+1/2,j}^k + 3R_{i-1/2,j}^k - R_{i-3/2,j}^k]$$

$$pu_2 = \frac{C_{11}+C_{13}+C_{44}}{\Delta x^2 \Delta z} (H_{i+1,j+1/2}^k - 2H_{i,j+1/2}^k + H_{i-1,j+1/2}^k - H_{i+1,j-1/2}^k + 2H_{i,j-1/2}^k -$$

$$H_{i-1,j-1/2}^k)$$

$$pu_3 = \frac{C_{44}}{\Delta x \Delta z^2} (R_{i+1/2,j+1}^k - 2R_{i+1/2,j}^k + R_{i+1/2,j-1}^k - R_{i-1/2,j+1}^k + 2R_{i-1/2,j}^k - R_{i-1/2,j-1}^k)$$

$$pu_4 = \frac{C_{44}}{\Delta z^3} (H_{i,j+3/2}^k - 3H_{i,j+1/2}^k + 3H_{i,j-1/2}^k - H_{i,j-3/2}^k)$$

$$pu_5 = \frac{C_{13}+C_{44}}{\Delta x \Delta z^2} (T_{i+1/2,j+1}^k - 2T_{i+1/2,j}^k + T_{i+1/2,j-1}^k - T_{i-1/2,j+1}^k + 2T_{i-1/2,j}^k - T_{i-1/2,j-1}^k)]$$

$pv = pv_1 + pv_2 + pv_3 + pv_4 + pv_5$

$$pv_1 = \frac{C_{33}}{\Delta z^3} (T_{i+1/2,j+2}^k - 3T_{i+1/2,j+1}^k + 3T_{i+1/2,j}^k - T_{i-1/2,j-1}^k)$$

$$pv_2 = \frac{C_{33}+C_{13}+C_{44}}{\Delta x \Delta z^2} (H_{i+1,j+3/2}^k - 2H_{i+1,j+1/2}^k + H_{i+1,j-1/2}^k - H_{i,j+3/2}^k + 2H_{i,j+1/2}^k -$$

$$H_{i,j-1/2}^k)$$

$$pv_3 = \frac{C_{44}}{\Delta x^2 \Delta z} (T_{i+3/2,j+1}^k - 2T_{i+1/2,j+1}^k + T_{i-1/2,j+1}^k - T_{i+3/2,j}^k + 2T_{i+1/2,j}^k - T_{i-1/2,j}^k)$$

$$pv_4 = \frac{C_{44}}{\Delta x^3} (H_{i+2,j+1/2}^k - 3H_{i+1,j+1/2}^k + 3H_{i,j+1/2}^k - H_{i-1,j+1/2}^k)$$

$$pv_5 = \frac{C_{33}+C_{13}+C_{44}}{\Delta x^2 \Delta z} (R_{i+3/2,j+1}^k - 2R_{i+1/2,j+1}^k + R_{i-1/2,j+1}^k - R_{i+3/2,j}^k + 2R_{i+1/2,j}^k - R_{i-1/2,j}^k)$$

$pw = pw_1 + pw_2 + pw_3 + pw_4$

$$pw_1 = \frac{C_{66}}{\Delta x^3} (Q_{i+2,j+1/2}^k - 3Q_{i+1,j+1/2}^k + 3Q_{i,j+1/2}^k - Q_{i-1,j+1/2}^k)$$

$$pw_2 = \frac{C_{44}}{\Delta z^3} (S_{i,j+3/2}^k - 3S_{i,j+1/2}^k + 3S_{i,j-1/2}^k - S_{i,j-3/2}^k)$$

$$pw_3 = \frac{C_{66}}{\Delta x^2 \Delta z} (S_{i+1,j+1/2}^k - 2S_{i,j+1/2}^k + S_{i-1,j+1/2}^k - S_{i+1,j-1/2}^k + 2S_{i,j-1/2}^k - S_{i-1,j-1/2}^k)$$

$$pw_4 = \frac{C_{44}}{\Delta x \Delta z^2}(Q_{i+1,j+3/2}^k - 2Q_{i+1,j+1/2}^k + Q_{i+1,j-1/2}^k - Q_{i,j+3/2}^k + 2Q_{i,j+1/2}^k - Q_{i,j-1/2}^k)$$

$$pr = pr_1 + pr_2 + pr_3 + pr_4$$

$$pr_1 = \frac{C_{11}^2}{\Delta x^3}(U_{i+2,j}^{k-1/2} - 3U_{i+1,j}^{k-1/2} + 3U_{i,j}^{k-1/2} - U_{i-1,j}^{k-1/2})$$

$$pr_2 = \frac{C_{13}C_{33}}{\Delta z^3}(V_{i+1/2,j+3/2}^{k-1/2} - 3V_{i+1/2,j+1/2}^{k-1/2} + 3V_{i+1/2,j-1/2}^{k-1/2} - V_{i+1/2,j-3/2}^{k-1/2})$$

$$pr_3 = \frac{C_{11}C_{13} + C_{11}C_{44} + C_{13}C_{44}}{\Delta x^2 \Delta z}(V_{i+3/2,j+1/2}^{k-1/2} - 2V_{i+1/2,j+1/2}^{k-1/2} + V_{i-1/2,j+1/2}^{k-1/2} - V_{i+3/2,j-1/2}^{k-1/2} + 2V_{i+1/2,j-1/2}^{k-1/2} - V_{i-1/2,j-1/2}^{k-1/2})$$

$$pr_4 = \frac{C_{11}C_{44} + C_{13}C_{44} + C_{13}^2}{\Delta x \Delta z^2}(U_{i+1,j+1}^{k-1/2} - 2U_{i+1,j}^{k-1/2} + U_{i+1,j-1}^{k-1/2} - U_{i,j+1}^{k-1/2} + 2U_{i,j}^{k-1/2} - U_{i,j-1}^{k-1/2})$$

$$pt = pt_1 + pt_2 + pt_3 + pt_4$$

$$pt_1 = \frac{C_{33}^2}{\Delta z^3}(V_{i+1/2,j+3/2}^{k-1/2} - 3V_{i+1/2,j+1/2}^{k-1/2} + 3V_{i+1/2,j-1/2}^{k-1/2} - V_{i+1/2,j-3/2}^{k-1/2})$$

$$pt_2 = \frac{C_{13}C_{33}}{\Delta x^3}(U_{i+2,j}^{k-1/2} - 3U_{i+1,j}^{k-1/2} + 3U_{i,j}^{k-1/2} - U_{i-1,j}^{k-1/2})$$

$$pt_3 = \frac{C_{33}C_{44} + C_{13}C_{44} + C_{33}C_{13}}{\Delta x \Delta z^2}(U_{i+1,j+1}^{k-1/2} - 2U_{i+1,j}^{k-1/2} + U_{i+1,j-1}^{k-1/2} - U_{i,j+1}^{k-1/2} + 2U_{i,j}^{k-1/2} - U_{i,j-1}^{k-1/2})$$

$$pt_4 = \frac{C_{33}C_{44} + C_{13}C_{44} + C_{13}^2}{\Delta x^2 \Delta z}(V_{i+3/2,j+1/2}^{k-1/2} - 2V_{i+1/2,j+1/2}^{k-1/2} + V_{i,j+1/2}^{k-1/2} - V_{i+3/2,j-1/2}^{k-1/2} + 2V_{i+1/2,j-1/2}^{k-1/2} - V_{i,j-1/2}^{k-1/2})$$

$$pq = pq_1 + pq_2$$

$$pq_1 = \frac{C_{66}^2}{\Delta x^3}(W_{i+2,j}^{k-1/2} - 3W_{i+1,j}^{k-1/2} + 3W_{i,j}^{k-1/2} - W_{i-1,j}^{k-1/2})$$

$$pq_2 = \frac{C_{44}C_{66}}{\Delta x \Delta z^2}(W_{i+1,j+1}^{k-1/2} - 2W_{i+1,j}^{k-1/2} + W_{i+1,j-1}^{k-1/2} - W_{i,j+1}^{k-1/2} + 2W_{i,j}^{k-1/2} - W_{i,j-1}^{k-1/2})$$

$$ps = ps_1 + ps_2$$

$$ps_1 = \frac{C_{66}C_{44}}{\Delta z \Delta x^2}(W_{i+1,j+1}^{k-1/2} - 2W_{i,j+1}^{k-1/2} + W_{i-1,j+1}^{k-1/2} - W_{i+1,j}^{k-1/2} + 2W_{i,j}^{k-1/2} - W_{i-1,j}^{k-1/2})$$

$$ps_2 = \frac{C_{44}^2}{\Delta z^3}(W_{i,j+2}^{k-1/2} - 3W_{i,j+1}^{k-1/2} + 3W_{i,j}^{k-1/2} - W_{i,j-1}^{k-1/2})$$

$$ph = ph_1 + ph_2 + ph_3 + ph_4$$

$$ph_1 = \frac{C_{44}^2}{\Delta z^3}(U_{i,j+2}^{k-1/2} - 3U_{i,j+1}^{k-1/2} + 3U_{i,j}^{k-1/2} - U_{i,j-1}^{k-1/2})$$

$$ph_2 = \frac{C_{44}^2}{\Delta x^3}(V_{i+3/2,j+1/2}^{k-1/2} - 3V_{i+1/2,j+1/2}^{k-1/2} + 3V_{i-1/2,j+1/2}^{k-1/2} - V_{i-3/2,j+1/2}^{k-1/2})$$

$$ph_3 = \frac{C_{44}(C_{11} + C_{44} + C_{13})}{\Delta x^2 \Delta z}(U_{i+1,j+1}^{k-1/2} - 2U_{i,j+1}^{k-1/2} + U_{i-1,j+1}^{k-1/2} - U_{i+1,j}^{k-1/2} + 2U_{i,j}^{k-1/2} - U_{i-1,j}^{k-1/2})$$

$$ph_4 = \frac{C_{44}(C_{11} + C_{44} + C_{13})}{\Delta x \Delta z^2}(V_{i+1/2,j+3/2}^{k-1/2} - 2V_{i+1/2,j+1/2}^{k-1/2} + V_{i+1/2,j-1/2}^{k-1/2} - V_{i-1/2,j+3/2}^{k-1/2} + 2V_{i-1/2,j+1/2}^{k-1/2} - V_{i-1/2,j-1/2}^{k-1/2})$$

3.2.3 吸收边界条件

利用波动方程模拟地震记录时,一个关键问题就是吸收边界条件。这是因为波动方程数值模拟要模拟的是地震波在无限介质中的传播过程,但由于受计算机内存和计算量等的限制,只能在有限的区域上求解,这相当于引入了一个人为的反射界面,如果不对边界进行处理,就会产生不期望的边界反射,这就会影响地震波的传播,甚至使波场完全失真,因此必须构造边界条件,使该界面产生尽可能少的反射,这样才能模拟地震波在无限介质中的传播[62,63]。

用于消除边界反射的方法有很多,例如运动边界、Smith边界、衰减边界、吸收边界等多种人工边界[64]。运动边界是将计算区域随着计算时间的推移而扩大,使得波场在计算的有效时间内到达不了运动的边界上。这一方法的效果肯定十分理想,但计算所占用的内存较多,而且也浪费机时。Smith边界综合利用Dirichlet边界条件和Neumann边界条件,将分别满足这两种边界条件的计算结果相加。由于Dirichlet边界条件和Neumann边界条件的反射系数分别是-1和+1,于是两者相加将互相抵消。Smith边界对消除一次边界反射波的效果比较理想,但对于多次反射波,这种方法效果很差。目前,应用较多的典型的边界条件主要有两种[65]:① 某种单程波构成的吸收边界和沿传播方向逐渐衰减的衰减边界。两种边界条件的具体构造方法很多。Reynolds(1978)利用波动方程分解法得到了透明边界条件,其特点是零度角入射时反射系数为零[66]。② 比较著名的吸收边界条件是Clayton吸收边界条件,是Clayton和Engquist(1977)在傍轴近似理论的基础上提出的吸收边界[67],其在特定的入射角和频率范围内具有较好的吸收效果。董良国(2003)通过特征方程分析法构造吸收边界条件[68]。另外,可以通过组合方向法和优化系数法等方法来构造吸收边界条件。对于衰减边界,Cerjan(1985)提出了直接衰减法,该方法的衰减边界是在计算边界附近引入损耗介质来衰减向外传播的地震波[69]。由于在两个具有不同吸收系数的损耗介质的界面上会产生反射,这就要求有较多的吸收层才能有较好的吸收效果,这无疑会大大增加所需的计算机内存及计算量。吸收边界是导出吸收边界条件方程,使之与计算区域内的波动方程联合在一起求解,从而使得从人为边界向计算区域反射的地震波全部或部分被吸收掉。Marfurt(1984)提出了海绵边界法构造衰减边界[70],Shin(2003)将其应用到频率域[71]。Berenger(1994)提出完全匹配层(PML)法作为衰减边界用于研究电磁波传播,随后并广泛应用于有限差分和有限元法正演模拟中[72]。

本书采用了特征分析法吸收边界条件和加阻尼的吸收边界条件方程相结合构造的人工边界条件,模拟结果证明,此方法是一种高效的吸收衰减边界条件,可以收到很好的吸收、衰减边界的效果。

假定水平向右为 x 轴的正向,垂直向下为 z 轴的正向,且 $\boldsymbol{U}=(V_x,V_y,V_z,\sigma_{xx},\sigma_{zz},\sigma_{xy},\sigma_{yz},\sigma_{zx})^{\mathrm{T}}$,则在2-5DTI介质中,由一阶速度—应力表示的弹性波动方程式(3-37)可写成矩阵形式

$$\frac{\partial \boldsymbol{U}}{\partial t} = \boldsymbol{A}\,\frac{\partial \boldsymbol{U}}{\partial x} + \boldsymbol{B}\,\frac{\partial \boldsymbol{U}}{\partial z} \tag{3-47}$$

其中系数矩阵

$$
\boldsymbol{A} = \begin{bmatrix} 0 & 0 & 0 & \dfrac{1}{\rho} & 0 & 0 & 0 & 0 \\ 0 & 0 & 0 & 0 & 0 & \dfrac{1}{\rho} & 0 & 0 \\ 0 & 0 & 0 & 0 & 0 & 0 & 0 & \dfrac{1}{\rho} \\ C_{11} & 0 & 0 & 0 & 0 & 0 & 0 & 0 \\ C_{13} & 0 & 0 & 0 & 0 & 0 & 0 & 0 \\ 0 & C_{66} & 0 & 0 & 0 & 0 & 0 & 0 \\ 0 & 0 & 0 & 0 & 0 & 0 & 0 & 0 \\ 0 & 0 & C_{44} & 0 & 0 & 0 & 0 & 0 \end{bmatrix}
\quad
\boldsymbol{B} = \begin{bmatrix} 0 & 0 & 0 & 0 & 0 & 0 & 0 & \dfrac{1}{\rho} \\ 0 & 0 & 0 & 0 & 0 & 0 & \dfrac{1}{\rho} & 0 \\ 0 & 0 & 0 & 0 & 0 & \dfrac{1}{\rho} & 0 & 0 \\ 0 & 0 & 0 & C_{13} & 0 & 0 & 0 & 0 \\ 0 & 0 & 0 & C_{33} & 0 & 0 & 0 & 0 \\ 0 & 0 & 0 & 0 & 0 & 0 & 0 & 0 \\ 0 & C_{44} & 0 & 0 & 0 & 0 & 0 & 0 \\ C_{44} & 0 & 0 & 0 & 0 & 0 & 0 & 0 \end{bmatrix}
$$

因为，Y 分量的偏振垂直于 X、Z 所在的剖面，它的计算与 X、Z 可以分开，独立计算，所以上面的 $\boldsymbol{A}$、$\boldsymbol{B}$ 矩阵可能分成两部分运算，一部分是 X、Z 分量的运算，一部分是 Y 分量的运算，将 $\boldsymbol{A}$、$\boldsymbol{B}$ 中与 X、Z 分量有关的参数 V_x，V_z，σ_{xx}，σ_{zz}，σ_{xz} 写成矩阵 $\boldsymbol{A}^*$，$\boldsymbol{B}^*$，$\boldsymbol{A}$、$\boldsymbol{B}$ 中与 Y 分量有关侧参数 V_y，σ_{xy}，σ_{yz} 写成矩阵的参数 $\boldsymbol{A}'$，$\boldsymbol{B}'$，即

$$
\boldsymbol{A}^* = \begin{bmatrix} 0 & 0 & \dfrac{1}{\rho} & 0 & 0 \\ 0 & 0 & 0 & 0 & \dfrac{1}{\rho} \\ C_{11} & 0 & 0 & 0 & 0 \\ C_{13} & 0 & 0 & 0 & 0 \\ 0 & C_{44} & 0 & 0 & 0 \end{bmatrix}
\quad
\boldsymbol{B}^* = \begin{bmatrix} 0 & 0 & 0 & 0 & \dfrac{1}{\rho} \\ 0 & 0 & 0 & \dfrac{1}{\rho} & 0 \\ 0 & C_{13} & 0 & 0 & 0 \\ 0 & C_{33} & 0 & 0 & 0 \\ C_{44} & 0 & 0 & 0 & 0 \end{bmatrix}
$$

$$
\boldsymbol{A}' = \begin{bmatrix} 0 & \dfrac{1}{\rho} & 0 \\ C_{66} & 0 & 0 \\ 0 & 0 & 0 \end{bmatrix}
\quad
\boldsymbol{B}' = \begin{bmatrix} 0 & 0 & \dfrac{1}{\rho} \\ 0 & 0 & 0 \\ C_{44} & 0 & 0 \end{bmatrix}
$$

经运算可知：矩阵 $\boldsymbol{A}^*$ 的特征值由小到大依次为 $\lambda_1^* = -\sqrt{\dfrac{C_{11}}{\rho}}$，$\lambda_2^* = -\sqrt{\dfrac{C_{44}}{\rho}}$，$\lambda_3^* = 0$，$\lambda_4^* = \sqrt{\dfrac{C_{44}}{\rho}}$，$\lambda_5^* = \sqrt{\dfrac{C_{11}}{\rho}}$。矩阵 $\boldsymbol{B}^*$ 的特征值由小到大依次为 $\beta_1^* = -\sqrt{\dfrac{C_{11}}{\rho}}$，$\beta_2^* = -\sqrt{\dfrac{C_{44}}{\rho}}$，$\beta_3^* = 0$，$\beta_4^* = \sqrt{\dfrac{C_{44}}{\rho}}$，$\beta_5^* = \sqrt{\dfrac{C_{11}}{\rho}}$。矩阵 $\boldsymbol{A}'$ 的特征值由小到大依次为 $\lambda_1' = -\sqrt{\dfrac{C_{66}}{\rho}}$，$\lambda_2' = 0$，$\lambda_3' = \sqrt{\dfrac{C_{66}}{\rho}}$。矩阵 $\boldsymbol{B}'$ 的特征值由小到大依次为 $\beta_1' = -\sqrt{\dfrac{C_{44}}{\rho}}$，$\beta_2' = 0$，$\beta_3' = \sqrt{\dfrac{C_{44}}{\rho}}$。设特征值 λ_i^* 和 λ_i' 对应的归一化后的右特征向量为 $\boldsymbol{r}_A^{*(i)}$ 和 $\boldsymbol{r}_A^{'(i)}$（列特征向量），左特征向量为 $\boldsymbol{l}_A^{*(i)}$ 和 $\boldsymbol{l}_A^{*(i)}$（行特征向量）；特征值 β_i^* 和 β_i' 对应的归一化后的右特征向量为 $\boldsymbol{r}_B^{*(i)}$ 和 $\boldsymbol{r}_B^{'(i)}$（列特征向量），左特征向量为 $\boldsymbol{l}_B^{*(i)}$ 和 $\boldsymbol{l}_B^{'(i)}$（行特征向量），根据特征方程：

$$(\lambda_i \boldsymbol{I} - \boldsymbol{A})\boldsymbol{X} = 0 \tag{3-48a}$$

$$\boldsymbol{X}^{\mathrm{T}}(\lambda_i \boldsymbol{I} - \boldsymbol{A}) = 0 \tag{3-48b}$$

$$(\beta_i \boldsymbol{I} - \boldsymbol{A})\boldsymbol{X} = 0 \tag{3-48c}$$

$$\boldsymbol{X}^{\mathrm{T}}(\beta_i \boldsymbol{I} - \boldsymbol{A}) = 0 \qquad (3\text{-}48\mathrm{d})$$

可求出特征向量 $\boldsymbol{r}_A^{*(i)}, \boldsymbol{r}_B^{*(i)}, \boldsymbol{l}_A^{*(i)}, \boldsymbol{l}_B^{*(i)}, \boldsymbol{r}_A^{'(i)}, \boldsymbol{r}_B^{'(i)}, \boldsymbol{l}_A^{'(i)}, \boldsymbol{l}_B^{'(i)}$ 分别为：

$$\begin{cases} \boldsymbol{r}_A^{*(1)} = k_1 \begin{bmatrix} 1 & 0 & \rho\lambda_1^* & \dfrac{C_{13}}{\lambda_1^*} & 0 \end{bmatrix}^{\mathrm{T}} \\[2mm] \boldsymbol{r}_A^{*(2)} = k_1 \begin{bmatrix} 0 & 1 & 0 & 0 & \rho\lambda_2^* \end{bmatrix}^{\mathrm{T}} \\[2mm] \boldsymbol{r}_A^{*(3)} = k_1 \begin{bmatrix} 0 & 0 & 0 & 1 & 0 \end{bmatrix}^{\mathrm{T}} \\[2mm] \boldsymbol{r}_A^{*(4)} = k_1 \begin{bmatrix} 0 & 1 & 0 & 0 & \rho\lambda_4^* \end{bmatrix}^{\mathrm{T}} \\[2mm] \boldsymbol{r}_A^{*(5)} = k_1 \begin{bmatrix} 1 & 0 & \rho\lambda_5^* & \dfrac{C_{13}}{\lambda_5^*} & 0 \end{bmatrix}^{\mathrm{T}} \end{cases} \qquad \begin{cases} \boldsymbol{r}_B^{*(1)} = k_3 \begin{bmatrix} 0 & 1 & \dfrac{C_{13}}{\beta_1^*} & \rho\beta_1^* & 0 \end{bmatrix}^{\mathrm{T}} \\[2mm] \boldsymbol{r}_B^{*(2)} = k_3 \begin{bmatrix} 1 & 0 & 0 & 0 & \rho\beta_2^* \end{bmatrix}^{\mathrm{T}} \\[2mm] \boldsymbol{r}_B^{*(3)} = k_3 \begin{bmatrix} 0 & 0 & 1 & 0 & 0 \end{bmatrix}^{\mathrm{T}} \\[2mm] \boldsymbol{r}_B^{*(4)} = k_3 \begin{bmatrix} 1 & 0 & 0 & 0 & \rho\beta_4^* \end{bmatrix}^{\mathrm{T}} \\[2mm] \boldsymbol{r}_B^{*(5)} = k_3 \begin{bmatrix} 0 & 1 & \dfrac{C_{13}}{\beta_5^*} & \rho\beta_5^* & 0 \end{bmatrix}^{\mathrm{T}} \end{cases}$$

$$\begin{cases} \boldsymbol{l}_A^{*(1)} = k_2 \begin{bmatrix} 1 & 0 & \dfrac{1}{\rho\lambda_1^*} & 0 & 0 \end{bmatrix} \\[2mm] \boldsymbol{l}_A^{*(2)} = k_2 \begin{bmatrix} 0 & 1 & 0 & 0 & \dfrac{1}{\rho\lambda_2^*} \end{bmatrix} \\[2mm] \boldsymbol{l}_A^{*(3)} = k_2 \begin{bmatrix} 0 & 0 & 1 & -\dfrac{C_{11}}{C_{13}} & 0 \end{bmatrix} \\[2mm] \boldsymbol{l}_A^{*(4)} = k_2 \begin{bmatrix} 0 & 1 & 0 & 0 & \dfrac{1}{\rho\lambda_4^*} \end{bmatrix} \\[2mm] \boldsymbol{l}_A^{*(5)} = k_2 \begin{bmatrix} 1 & 0 & \dfrac{1}{\rho\lambda_5^*} & 0 & 0 \end{bmatrix} \end{cases} \qquad \begin{cases} \boldsymbol{l}_B^{*(1)} = k_4 \begin{bmatrix} 0 & 1 & 0 & \dfrac{1}{\rho\beta_1^*} & 0 \end{bmatrix} \\[2mm] \boldsymbol{l}_B^{*(2)} = k_4 \begin{bmatrix} 1 & 0 & 0 & 0 & \dfrac{1}{\rho\beta_2^*} \end{bmatrix} \\[2mm] \boldsymbol{l}_B^{*(3)} = k_4 \begin{bmatrix} 0 & 0 & 1 & -\dfrac{C_{13}}{C_{33}} & 0 \end{bmatrix} \\[2mm] \boldsymbol{l}_B^{*(4)} = k_4 \begin{bmatrix} 1 & 0 & 0 & 0 & \dfrac{1}{\rho\beta_4^*} \end{bmatrix} \\[2mm] \boldsymbol{l}_B^{*(5)} = k_4 \begin{bmatrix} 0 & 1 & 0 & \dfrac{1}{\rho\beta_5^*} & 0 \end{bmatrix} \end{cases}$$

$$\begin{cases} \boldsymbol{r}^{'(1)} = k_5 \begin{bmatrix} \dfrac{1}{\rho\lambda_1'} & 1 & 0 \end{bmatrix}^{\mathrm{T}} \\[2mm] \boldsymbol{r}^{'(2)} = k_5 \begin{bmatrix} 0 & 0 & 1 \end{bmatrix}^{\mathrm{T}} \\[2mm] \boldsymbol{r}^{'(3)} = k_5 \begin{bmatrix} \dfrac{1}{\rho\lambda_3'} & 1 & 0 \end{bmatrix}^{\mathrm{T}} \end{cases} \qquad \begin{cases} \boldsymbol{r}^{'(1)} = k_7 \begin{bmatrix} 1 & 0 & \rho\beta_1' \end{bmatrix}^{\mathrm{T}} \\[2mm] \boldsymbol{r}^{'(2)} = k_7 \begin{bmatrix} 0 & 1 & 0 \end{bmatrix}^{\mathrm{T}} \\[2mm] \boldsymbol{r}^{'(3)} = k_7 \begin{bmatrix} 1 & 0 & \rho\beta_3' \end{bmatrix}^{\mathrm{T}} \end{cases}$$

$$\begin{cases} \boldsymbol{l}^{'(1)} = k_6 \begin{bmatrix} \rho\lambda_1' & 1 & 0 \end{bmatrix} \\[2mm] \boldsymbol{l}^{'(2)} = k_6 \begin{bmatrix} 0 & 0 & 1 \end{bmatrix} \\[2mm] \boldsymbol{l}^{'(3)} = k_6 \begin{bmatrix} \rho\lambda_3' & 1 & 0 \end{bmatrix} \end{cases} \qquad \begin{cases} \boldsymbol{l}^{'(1)} = k_8 \begin{bmatrix} \rho\beta_1' & 0 & 1 \end{bmatrix} \\[2mm] \boldsymbol{l}^{'(2)} = k_8 \begin{bmatrix} 0 & 1 & 0 \end{bmatrix} \\[2mm] \boldsymbol{l}^{'(3)} = k_8 \begin{bmatrix} \rho\beta_3' & 0 & 1 \end{bmatrix} \end{cases}$$

分别将矩阵 $\boldsymbol{A}^*$ 和 $\boldsymbol{B}^*$ 列特征向量 $\boldsymbol{l}_A^{*(i)}$ 和 $\boldsymbol{l}_B^{*(i)}$ 组成矩阵 $\boldsymbol{L}_A^*$ 和 $\boldsymbol{L}_B^*$ 的一列，将行特征向量 $\boldsymbol{r}_A^{*(i)}$ 和 $\boldsymbol{r}_B^{*(i)}$ 组成矩阵 $\boldsymbol{R}_A^*$ 和 $\boldsymbol{R}_B^*$ 的一行，将矩阵 $\boldsymbol{A}'$ 和 $\boldsymbol{B}'$ 列特征向量 $\boldsymbol{l}_A^{'(i)}$ 和 $\boldsymbol{l}_B^{'(i)}$ 组成矩阵 $\boldsymbol{L}_A'$ 和 $\boldsymbol{L}_B'$ 的一列，将行特征向量 $\boldsymbol{r}_A^{'(i)}$ 和 $\boldsymbol{r}_B^{'(i)}$ 组成矩阵 $\boldsymbol{R}_A'$ 和 $\boldsymbol{R}_B'$ 的一行。为了使 $\boldsymbol{L}_A^* \boldsymbol{R}_A^* = \boldsymbol{I}$，$\boldsymbol{L}_B^* \boldsymbol{R}_B^* = \boldsymbol{I}, \boldsymbol{L}_A' \boldsymbol{R}_A' = \boldsymbol{I}, \boldsymbol{L}_B' \boldsymbol{R}_B' = \boldsymbol{I}$，分别取 $k_1 = k_2 = k_3 = k_4 = k_5 = k_6 = k_7 = k_8 = \dfrac{1}{\sqrt{2}}$，则可得：

$$\boldsymbol{R}_A^* = \frac{1}{\sqrt{2}} \begin{bmatrix} 1 & 0 & 0 & 0 & 1 \\ 0 & 1 & 0 & 1 & 0 \\ \rho\lambda_1^* & 0 & 0 & 0 & \rho\lambda_5^* \\ \dfrac{C_{13}}{\lambda_1^*} & 0 & 1 & 0 & \dfrac{C_{13}}{\lambda_5^*} \\ 0 & \rho\lambda_2^* & 0 & \rho\lambda_4^* & 0 \end{bmatrix} \qquad \boldsymbol{R}_B^* = \frac{1}{\sqrt{2}} \begin{bmatrix} 0 & 1 & 0 & 1 & 0 \\ 1 & 0 & 0 & 0 & 1 \\ \dfrac{C_{13}}{\beta_1} & 0 & 1 & 0 & \dfrac{C_{13}}{\beta_5} \\ \rho\beta_1^* & 0 & 0 & 0 & \rho\beta_5^* \\ 0 & \rho\beta_2^* & 0 & \rho\beta_4^* & 0 \end{bmatrix}$$

$$L_A^* = \frac{1}{\sqrt{2}} \begin{bmatrix} 1 & 0 & \dfrac{1}{\rho\lambda_1^*} & 0 & 0 \\ 0 & 1 & 0 & 0 & \dfrac{1}{\rho\lambda_2^*} \\ 0 & 0 & 1 & -\dfrac{C_{11}}{C_{13}} & 0 \\ 0 & 1 & 0 & 0 & \dfrac{1}{\rho\lambda_4^*} \\ 1 & 0 & \dfrac{1}{\rho\lambda_5^*} & 0 & 0 \end{bmatrix} \qquad L_B^* = \frac{1}{\sqrt{2}} \begin{bmatrix} 0 & 1 & 0 & \dfrac{1}{\rho\beta_1^*} & 0 \\ 1 & 0 & 0 & 0 & \dfrac{1}{\rho\beta_2^*} \\ 0 & 0 & 1 & -\dfrac{C_{13}}{C_{33}} & 0 \\ 1 & 0 & 0 & 0 & \dfrac{1}{\rho\beta_4^*} \\ 0 & 1 & 0 & \dfrac{1}{\rho\beta_5^*} & 0 \end{bmatrix}$$

设矩阵 A^* 所有特征值 λ_i^* 构成的对角矩阵为 Γ^*，矩阵 B^* 所有特征值 β_i^* 构成的对角矩阵为 M^*，矩阵 A' 所有特征值 λ_i' 构成的对角矩阵为 Γ'，矩阵 B' 所有特征值 β_i' 构成的对角矩阵为 M'，即

$$\Gamma^* = \begin{bmatrix} \lambda_1^* & 0 & 0 & 0 & 0 \\ 0 & \lambda_2^* & 0 & 0 & 0 \\ 0 & 0 & \lambda_3^* & 0 & 0 \\ 0 & 0 & 0 & \lambda_4^* & 0 \\ 0 & 0 & 0 & 0 & \lambda_5^* \end{bmatrix} \qquad M^* = \begin{bmatrix} \beta_1^* & 0 & 0 & 0 & 0 \\ 0 & \beta_2^* & 0 & 0 & 0 \\ 0 & 0 & \beta_3^* & 0 & 0 \\ 0 & 0 & 0 & \beta_4^* & 0 \\ 0 & 0 & 0 & 0 & \beta_5^* \end{bmatrix}$$

$$\Gamma' = \begin{bmatrix} \lambda_1' & 0 & 0 \\ 0 & \lambda_2' & 0 \\ 0 & 0 & \lambda_3' \end{bmatrix} \qquad M' = \begin{bmatrix} \beta_1' & 0 & 0 \\ 0 & \beta_2' & 0 \\ 0 & 0 & \beta_3' \end{bmatrix}$$

根据 Cylvester 矩阵定理[73]，有 $A^* = R_A^* \Gamma^* L_A^*$，$B^* = R_B^* M L_B^*$，$A' = R_A' \Gamma' L_B'$，$B' = R_B' M L_B'$，这样，方程式(3-47)可以写为：

$$\begin{cases} \dfrac{\partial U(x,z)}{\partial t} = R_A^* \Gamma^* L_A^* \dfrac{\partial U(x,z)}{\partial x} + R_B^* M^* L_B^* \dfrac{\partial U(x,z)}{\partial z} \\ \dfrac{\partial U(y)}{\partial t} = R_A' \Gamma' L_A' \dfrac{\partial U(y)}{\partial x} + R_B' M' L_B' \dfrac{\partial U(y)}{\partial z} \end{cases} \qquad (3\text{-}49)$$

设 $\Gamma^* = \Gamma_1^* + \Gamma_2^*$，$M^* = M_1^* + M_2^*$，$\Gamma' = \Gamma_1' + \Gamma_2'$，$M' = M_1' + M_2'$，其中

$$[\Gamma_1^*]_{i,j} = \frac{1}{2}(\Gamma_{i,j}^* + |\Gamma_{i,j}^*|), \quad [\Gamma_2^*]_{i,j} = \frac{1}{2}(\Gamma_{i,j}^* - |\Gamma_{i,j}^*|)$$

$$[M_1^*]_{i,j} = \frac{1}{2}(M_{i,j}^* + |M_{i,j}^*|), \quad [M_2^*]_{i,j} = \frac{1}{2}(M_{i,j}^* - |M_{i,j}^*|)$$

$$[\Gamma_1']_{i,j} = \frac{1}{2}(\Gamma_{i,j}' + |\Gamma_{i,j}'|), \quad [\Gamma_2']_{i,j} = \frac{1}{2}(\Gamma_{i,j}' - |\Gamma_{i,j}'|)$$

$$[M_1']_{i,j} = \frac{1}{2}(M_{i,j}' + |M_{i,j}'|), \quad [M_2']_{i,j} = \frac{1}{2}(M_{i,j}' - |M_{i,j}'|)$$

则可以计算出：

$$\Gamma_1^* = \begin{bmatrix} 0 & 0 & 0 & 0 & 0 \\ 0 & 0 & 0 & 0 & 0 \\ 0 & 0 & 0 & 0 & 0 \\ 0 & 0 & 0 & \lambda_4^* & 0 \\ 0 & 0 & 0 & 0 & \lambda_5^* \end{bmatrix}, \quad \Gamma_2^* = \begin{bmatrix} \lambda_1^* & 0 & 0 & 0 & 0 \\ 0 & \lambda_2^* & 0 & 0 & 0 \\ 0 & 0 & 0 & 0 & 0 \\ 0 & 0 & 0 & 0 & 0 \\ 0 & 0 & 0 & 0 & 0 \end{bmatrix}$$

$$\boldsymbol{M}_1^* = \begin{bmatrix} 0 & 0 & 0 & 0 & 0 \\ 0 & 0 & 0 & 0 & 0 \\ 0 & 0 & 0 & 0 & 0 \\ 0 & 0 & 0 & \beta_4^* & 0 \\ 0 & 0 & 0 & 0 & \beta_5^* \end{bmatrix}, \quad \boldsymbol{M}_2^* = \begin{bmatrix} \beta_1^* & 0 & 0 & 0 & 0 \\ 0 & \beta_2^* & 0 & 0 & 0 \\ 0 & 0 & 0 & 0 & 0 \\ 0 & 0 & 0 & 0 & 0 \\ 0 & 0 & 0 & 0 & 0 \end{bmatrix}$$

$$\boldsymbol{\Gamma}_1' = \begin{bmatrix} 0 & 0 & 0 \\ 0 & 0 & 0 \\ 0 & 0 & \lambda_3' \end{bmatrix}, \boldsymbol{\Gamma}_2' = \begin{bmatrix} \lambda_1' & 0 & 0 \\ 0 & 0 & 0 \\ 0 & 0 & 0 \end{bmatrix}, \boldsymbol{M}_1' = \begin{bmatrix} 0 & 0 & 0 \\ 0 & 0 & 0 \\ 0 & \beta_3' & 0 \end{bmatrix}, \boldsymbol{M}_2' = \begin{bmatrix} \beta_1' & 0 & 0 \\ 0 & 0 & 0 \\ 0 & 0 & 0 \end{bmatrix}$$

对于左边界,在计算边界处 $\boldsymbol{B}^* \dfrac{\partial \boldsymbol{U}(x,z)}{\partial z}$ 和 $\boldsymbol{B}' \dfrac{\partial \boldsymbol{U}(y)}{\partial z}$ 项时与内部点一样,不涉及计算区域外的值,不会引入边界反射。但在计算左边界处 $\boldsymbol{A}^* \dfrac{\partial \boldsymbol{U}(x,z)}{\partial x}$ 和 $\boldsymbol{A}' \dfrac{\partial \boldsymbol{U}(y)}{\partial x}$ 项时,必然遇到人为边界,从而产生人为边界反射。这时可将 $\boldsymbol{A}^* \dfrac{\partial \boldsymbol{U}(x,z)}{\partial x}$ 分成 $\boldsymbol{R}_A^* \boldsymbol{\Gamma}_1^* \boldsymbol{L}_A^* \dfrac{\partial \boldsymbol{U}(x,z)}{\partial x}$ 和 $\boldsymbol{R}_A^* \boldsymbol{\Gamma}_2^* \boldsymbol{L}_A^* \dfrac{\partial \boldsymbol{U}(x,z)}{\partial x}$ 两部分, $\boldsymbol{A}' \dfrac{\partial \boldsymbol{U}(y)}{\partial x}$ 分成 $\boldsymbol{R}_A' \boldsymbol{\Gamma}_1' \boldsymbol{L}_A' \dfrac{\partial \boldsymbol{U}(y)}{\partial x}$ 和 $\boldsymbol{R}_A' \boldsymbol{\Gamma}_2' \boldsymbol{L}_A' \dfrac{\partial \boldsymbol{U}(y)}{\partial x}$ 两部分,它们分别描述了向左和向右传播的弹性波,方程式(3-49)可表示为:

$$\begin{cases} \dfrac{\partial \boldsymbol{U}(x,z)}{\partial t} = \boldsymbol{R}_A^* \left[\boldsymbol{\Gamma}_1^* \boldsymbol{L}_A^* \dfrac{\partial \boldsymbol{U}(x,z)}{\partial x} + \boldsymbol{\Gamma}_2^* \boldsymbol{L}_A^* \dfrac{\partial \boldsymbol{U}(x,z)}{\partial x} \right] + \boldsymbol{B}^* \dfrac{\partial \boldsymbol{U}(x,z)}{\partial z} \\ \boldsymbol{A}' \dfrac{\partial \boldsymbol{U}(y)}{\partial t} = \boldsymbol{R}_A' \left[\boldsymbol{\Gamma}_1' \boldsymbol{L}_A' \dfrac{\partial \boldsymbol{U}(y)}{\partial x} + \boldsymbol{\Gamma}_2' \boldsymbol{L}_A' \dfrac{\partial \boldsymbol{U}(y)}{\partial x} \right] + \boldsymbol{B}' \dfrac{\partial \boldsymbol{U}(y)}{\partial z} \end{cases} \quad (3\text{-}50)$$

其中,以特征速度 $-\lambda_i^*$ 和 $-\lambda_i'$ 向右传播的波(即 $\lambda_i^* < 0$, $\lambda_i' < 0$)为左边界的反射。因此,要消除左边界的人为边界反射,只需满足 $\boldsymbol{\Gamma}_2^* \boldsymbol{L}_A^* \dfrac{\partial \boldsymbol{U}(x,z)}{\partial x} = 0$, $\boldsymbol{\Gamma}_2' \boldsymbol{L}_A' \dfrac{\partial \boldsymbol{U}(y)}{\partial x} = 0$,因此左边界处无边界反射的波场满足的方程即吸收边界条件为:

$$\begin{cases} \dfrac{\partial \boldsymbol{U}(x,z)}{\partial t} = \boldsymbol{A}_1^* \dfrac{\partial \boldsymbol{U}(x,z)}{\partial x} + \boldsymbol{B}^* \dfrac{\partial \boldsymbol{U}(x,z)}{\partial z} \\ \dfrac{\partial \boldsymbol{U}(y)}{\partial t} = \boldsymbol{A}_1' \dfrac{\partial \boldsymbol{U}(y)}{\partial x} + \boldsymbol{B}' \dfrac{\partial \boldsymbol{U}(y)}{\partial z} \end{cases} \quad (\text{左边界}) \quad (3\text{-}51\text{a})$$

同理可得其他三个边界的吸收边界条件分别为:

$$\begin{cases} \dfrac{\partial \boldsymbol{U}(x,z)}{\partial t} = \boldsymbol{A}_2^* \dfrac{\partial \boldsymbol{U}}{\partial x} + \boldsymbol{B}^* \dfrac{\partial \boldsymbol{U}}{\partial z} \\ \dfrac{\partial \boldsymbol{U}(y)}{\partial t} = \boldsymbol{A}_2' \dfrac{\partial \boldsymbol{U}(y)}{\partial x} + \boldsymbol{B}' \dfrac{\partial \boldsymbol{U}(y)}{\partial z} \end{cases} \quad (\text{右边界}) \quad (3\text{-}51\text{b})$$

$$\begin{cases} \dfrac{\partial \boldsymbol{U}(x,z)}{\partial t} = \boldsymbol{A}^* \dfrac{\partial \boldsymbol{U}(x,z)}{\partial x} + \boldsymbol{B}_1^* \dfrac{\partial \boldsymbol{U}(x,z)}{\partial z} \\ \dfrac{\partial \boldsymbol{U}(y)}{\partial t} = \boldsymbol{A}' \dfrac{\partial \boldsymbol{U}(y)}{\partial x} + \boldsymbol{B}_1' \dfrac{\partial \boldsymbol{U}(y)}{\partial z} \end{cases} \quad (\text{顶边界}) \quad (3\text{-}51\text{c})$$

$$\begin{cases} \dfrac{\partial \boldsymbol{U}(x,z)}{\partial t} = \boldsymbol{A}^* \dfrac{\partial \boldsymbol{U}(x,z)}{\partial x} + \boldsymbol{B}_2^* \dfrac{\partial \boldsymbol{U}}{\partial z} \\ \dfrac{\partial \boldsymbol{U}(y)}{\partial t} = \boldsymbol{A}' \dfrac{\partial \boldsymbol{U}(y)}{\partial x} + \boldsymbol{B}_2' \dfrac{\partial \boldsymbol{U}(y)}{\partial z} \end{cases} \quad (\text{底边界}) \quad (3\text{-}51\text{d})$$

式中, $\boldsymbol{A}_1^* = \boldsymbol{R}_A^* \boldsymbol{\Gamma}_1^* \boldsymbol{L}_A^*$, $\boldsymbol{A}_2^* = \boldsymbol{R}_A^* \boldsymbol{\Gamma}_2^* \boldsymbol{L}_A^*$, $\boldsymbol{B}_1^* = \boldsymbol{R}_B^* \boldsymbol{M}_1^* \boldsymbol{L}_B^*$, $\boldsymbol{B}_2^* = \boldsymbol{R}_B^* \boldsymbol{M}_2^* \boldsymbol{L}_B^*$, $\boldsymbol{A}_1' = \boldsymbol{R}_A' \boldsymbol{\Gamma}_1' \boldsymbol{L}_A'$, $\boldsymbol{A}_2' = $

$\boldsymbol{R}'_A\boldsymbol{\Gamma}'_2\boldsymbol{L}'_A$，$\boldsymbol{B}'_1=\boldsymbol{R}'_B\boldsymbol{M}'_1\boldsymbol{L}'_B$，$\boldsymbol{B}'_2=\boldsymbol{R}'_B\boldsymbol{M}'_2\boldsymbol{L}'_B$。

对于左上角,方程式(3-47)可写为:

$$
\begin{cases}
\dfrac{\partial \boldsymbol{U}(x,z)}{\partial t} = \boldsymbol{R}_A^*\Big[\boldsymbol{\Gamma}_1^*\,\boldsymbol{L}_A^*\,\dfrac{\partial \boldsymbol{U}(x,z)}{\partial x} + \boldsymbol{\Gamma}_2^*\,\boldsymbol{L}_A^*\,\dfrac{\partial \boldsymbol{U}(x,z)}{\partial x}\Big] + \boldsymbol{R}_B^*\Big[\boldsymbol{M}_1^*\,\boldsymbol{L}_B^*\,\dfrac{\partial \boldsymbol{U}(x,z)}{\partial z} + \\
\qquad\qquad \boldsymbol{M}_2^*\,\boldsymbol{L}_B^*\,\dfrac{\partial \boldsymbol{U}(x,z)}{\partial z}\Big] \\[2mm]
\dfrac{\partial \boldsymbol{U}(y)}{\partial t} = \boldsymbol{R}'_A\Big[\boldsymbol{\Gamma}'_1\boldsymbol{L}'_A\dfrac{\partial \boldsymbol{U}(y)}{\partial x} + \boldsymbol{\Gamma}'_2\boldsymbol{L}'_A\dfrac{\partial \boldsymbol{U}(y)}{\partial x}\Big] + \boldsymbol{R}'_B\Big[\boldsymbol{M}'_1\boldsymbol{L}'_B\dfrac{\partial \boldsymbol{U}(y)}{\partial z} + \boldsymbol{M}'_2\boldsymbol{L}'_B\dfrac{\partial \boldsymbol{U}(y)}{\partial z}\Big]
\end{cases}
$$

要消除左上角反射[74],需要满足:

$$
\begin{cases}
\boldsymbol{\Gamma}_2^*\,\boldsymbol{R}_A^*\,\dfrac{\partial \boldsymbol{U}(x,z)}{\partial x} = 0 \\[2mm]
\boldsymbol{M}_2^*\,\boldsymbol{R}_B^*\,\dfrac{\partial \boldsymbol{U}(x,z)}{\partial z} = 0 \\[2mm]
\boldsymbol{\Gamma}'_2\boldsymbol{R}'_A\dfrac{\partial \boldsymbol{U}(y)}{\partial x} = 0 \\[2mm]
\boldsymbol{M}'_2\boldsymbol{R}'_B\dfrac{\partial \boldsymbol{U}(y)}{\partial z} = 0
\end{cases}
$$

因此,左上角处无边界反射的波场所满足的方程即吸收边界条件为:

$$
\begin{cases}
\dfrac{\partial \boldsymbol{U}(x,z)}{\partial t} = \boldsymbol{A}_1^*\,\dfrac{\partial \boldsymbol{U}(x,z)}{\partial x} + \boldsymbol{B}_1^*\,\dfrac{\partial \boldsymbol{U}(x,z)}{\partial z} \\[2mm]
\dfrac{\partial \boldsymbol{U}(y)}{\partial t} = \boldsymbol{A}'_1\dfrac{\partial \boldsymbol{U}(y)}{\partial x} + \boldsymbol{B}'_1\dfrac{\partial \boldsymbol{U}(y)}{\partial z}
\end{cases} \qquad (左上角) \qquad (3\text{-}52a)
$$

同理可得其他三个边界角点处的吸收边界条件分别为:

$$
\begin{cases}
\dfrac{\partial \boldsymbol{U}(x,z)}{\partial t} = \boldsymbol{A}_2^*\,\dfrac{\partial \boldsymbol{U}(x,z)}{\partial x} + \boldsymbol{B}_2^*\,\dfrac{\partial \boldsymbol{U}(x,z)}{\partial z} \\[2mm]
\dfrac{\partial \boldsymbol{U}(y)}{\partial t} = \boldsymbol{A}'_2\dfrac{\partial \boldsymbol{U}(y)}{\partial x} + \boldsymbol{B}'_2\dfrac{\partial \boldsymbol{U}(y)}{\partial z}
\end{cases} \qquad (右下角) \qquad (3\text{-}52b)
$$

$$
\begin{cases}
\dfrac{\partial \boldsymbol{U}(x,z)}{\partial t} = \boldsymbol{A}_2^*\,\dfrac{\partial \boldsymbol{U}(x,z)}{\partial x} + \boldsymbol{B}_1^*\,\dfrac{\partial \boldsymbol{U}(x,z)}{\partial z} \\[2mm]
\dfrac{\partial \boldsymbol{U}(y)}{\partial t} = \boldsymbol{A}'_2\dfrac{\partial \boldsymbol{U}(y)}{\partial x} + \boldsymbol{B}'_1\dfrac{\partial \boldsymbol{U}(y)}{\partial z}
\end{cases} \qquad (右上角) \qquad (3\text{-}52c)
$$

$$
\begin{cases}
\dfrac{\partial \boldsymbol{U}(x,z)}{\partial t} = \boldsymbol{A}_1^*\,\dfrac{\partial \boldsymbol{U}(x,z)}{\partial x} + \boldsymbol{B}_2^*\,\dfrac{\partial \boldsymbol{U}(x,z)}{\partial z} \\[2mm]
\dfrac{\partial \boldsymbol{U}(y)}{\partial t} = \boldsymbol{A}'_1\dfrac{\partial \boldsymbol{U}(y)}{\partial x} + \boldsymbol{B}'_2\dfrac{\partial \boldsymbol{U}(y)}{\partial z}
\end{cases} \qquad (左下角) \qquad (3\text{-}52d)
$$

将 $\boldsymbol{L}_A^*$、$\boldsymbol{R}_A^*$、$\boldsymbol{L}_B^*$、$\boldsymbol{R}_B^*$、$\boldsymbol{\Gamma}_1^*$、$\boldsymbol{\Gamma}_2^*$、$\boldsymbol{M}_1^*$ 和 $\boldsymbol{M}_2^*$ 代入 $\boldsymbol{A}_1^*$、$\boldsymbol{A}_2^*$、$\boldsymbol{B}_1^*$ 和 $\boldsymbol{B}_2^*$ 得:

$$
\boldsymbol{A}_1^* = \boldsymbol{R}_A^*\boldsymbol{\Gamma}_1^*\boldsymbol{L}_A^* = \frac{1}{2}
\begin{bmatrix}
\lambda_5^* & 0 & \dfrac{1}{\rho} & 0 & 0 \\[2mm]
0 & \lambda_4^* & 0 & 0 & \dfrac{1}{\rho} \\[2mm]
\rho\lambda_5^{*\,2} & 0 & \lambda_5^* & 0 & 0 \\[2mm]
C_{13} & 0 & \dfrac{C_{13}}{\rho\lambda_5^*} & 0 & 0 \\[2mm]
0 & \rho\lambda_4^{*\,2} & 0 & 0 & \lambda_4^*
\end{bmatrix}
\qquad
\boldsymbol{A}_2^* = \boldsymbol{R}_A^*\boldsymbol{\Gamma}_2^*\boldsymbol{L}_A^* = \frac{1}{2}
\begin{bmatrix}
\lambda_1^* & 0 & \dfrac{1}{\rho} & 0 & 0 \\[2mm]
0 & \lambda_2^* & 0 & 0 & \dfrac{1}{\rho} \\[2mm]
\rho\lambda_1^{*\,2} & 0 & \lambda_1^* & 0 & 0 \\[2mm]
C_{13} & 0 & \dfrac{C_{13}}{\rho\lambda_1^*} & 0 & 0 \\[2mm]
0 & \rho\lambda_2^{*\,2} & 0 & 0 & \lambda_2^*
\end{bmatrix}
$$

$$
\boldsymbol{B}_1^* = \boldsymbol{R}_B^* \boldsymbol{M}_1^* \boldsymbol{L}_B^* = \frac{1}{2}
\begin{bmatrix}
\beta_4^* & 0 & 0 & 0 & \dfrac{1}{\rho} \\
0 & \beta_5^* & 0 & \dfrac{1}{\rho} & 0 \\
0 & C_{13} & 0 & \dfrac{C_{13}}{\rho\beta_5^*} & 0 \\
0 & \rho\beta_5^{*\,2} & 0 & \beta_5^* & 0 \\
\rho\beta_4^{*\,2} & 0 & 0 & 0 & \beta_4^*
\end{bmatrix}
\qquad
\boldsymbol{B}_2^* = \boldsymbol{R}_B^* \boldsymbol{\Gamma}_2^* \boldsymbol{L}_B^* = \frac{1}{2}
\begin{bmatrix}
\beta_2^* & 0 & 0 & 0 & \dfrac{1}{\rho} \\
0 & \beta_1^* & 0 & \dfrac{1}{\rho} & 0 \\
0 & C_{13} & 0 & \dfrac{C_{13}}{\rho\beta_1^*} & 0 \\
0 & \rho\beta_1^{*\,2} & 0 & \beta_1^* & 0 \\
\rho\beta_2^{*\,2} & 0 & 0 & 0 & \beta_2^*
\end{bmatrix}
$$

将 $\boldsymbol{L}_A'$、$\boldsymbol{R}_A'$、$\boldsymbol{L}_B'$、$\boldsymbol{R}_B'$、$\boldsymbol{\Gamma}_1'$、$\boldsymbol{\Gamma}_2'$、$\boldsymbol{M}_1'$ 和 $\boldsymbol{M}_2'$ 代入 $\boldsymbol{A}_1'$、$\boldsymbol{A}_2'$、$\boldsymbol{B}_1'$ 和 $\boldsymbol{B}_2'$ 得：

$$
\boldsymbol{A}_1' = \boldsymbol{R}_A' \boldsymbol{\Gamma}_1' \boldsymbol{L}_A' = \frac{1}{2}
\begin{bmatrix}
\lambda_3' & \dfrac{1}{\rho} & 0 \\
\rho\lambda_3'^{\,2} & \lambda_3' & 0 \\
0 & 0 & 0
\end{bmatrix}
\qquad
\boldsymbol{A}_2' = \boldsymbol{R}_A' \boldsymbol{\Gamma}_2' \boldsymbol{L}_A' = \frac{1}{2}
\begin{bmatrix}
\lambda_1' & \dfrac{1}{\rho} & 0 \\
\rho\lambda_1'^{\,2} & \lambda_1' & 0 \\
0 & 0 & 0
\end{bmatrix}
$$

$$
\boldsymbol{B}_1' = \boldsymbol{R}_B' \boldsymbol{M}_1' \boldsymbol{L}_B' = \frac{1}{4\rho^2\beta_1}
\begin{bmatrix}
\rho\beta_3' & 0 & 1 \\
0 & 0 & 0 \\
\rho\beta_3'^{\,2} & 0 & \rho\beta_3'
\end{bmatrix}
\qquad
\boldsymbol{B}_2' = \boldsymbol{R}_B' \boldsymbol{M}_2' \boldsymbol{L}_B' = \frac{1}{4\rho^2\beta_3}
\begin{bmatrix}
\rho\beta_1' & 0 & 1 \\
0 & 0 & 0 \\
\rho\beta_1'^{\,2} & 0 & \rho\beta_1'
\end{bmatrix}
$$

将 $\boldsymbol{A}_1^*$、$\boldsymbol{A}_2^*$、$\boldsymbol{B}_1^*$、$\boldsymbol{B}_2^*$、$\boldsymbol{A}^*$、$\boldsymbol{B}^*$ 和 $\boldsymbol{A}_1'$、$\boldsymbol{A}_2'$、$\boldsymbol{B}_1'$、$\boldsymbol{B}_2'$、$\boldsymbol{A}'$、$\boldsymbol{B}'$ 代入式（3-50）和式（3-52），可以得到 4 个边界处及 4 个角点处的吸收边界条件方程。综上可得边界方程为：

（1）左边界吸收边界条件方程

$$
\begin{cases}
\dfrac{\partial V_x}{\partial t} = \dfrac{1}{2}\sqrt{\dfrac{c_{11}}{\rho}}\dfrac{\partial V_x}{\partial x} + \dfrac{1}{2\rho}\dfrac{\partial \sigma_{xx}}{\partial x} + \dfrac{1}{\rho}\dfrac{\partial \sigma_{xz}}{\partial z} \\[2mm]
\dfrac{\partial V_z}{\partial t} = \dfrac{1}{2}\sqrt{\dfrac{c_{44}}{\rho}}\dfrac{\partial V_z}{\partial x} + \dfrac{1}{2\rho}\dfrac{\partial \sigma_{xz}}{\partial x} + \dfrac{1}{\rho}\dfrac{\partial \sigma_{zz}}{\partial z} \\[2mm]
\dfrac{\partial V_y}{\partial t} = \dfrac{1}{2}\sqrt{\dfrac{c_{66}}{\rho}}\dfrac{\partial V_z}{\partial x} + \dfrac{1}{2\rho}\dfrac{\partial \sigma_{xy}}{\partial x} + \dfrac{1}{\rho}\dfrac{\partial \sigma_{yz}}{\partial z} \\[2mm]
\dfrac{\partial \sigma_{xx}}{\partial t} = \dfrac{1}{2}c_{11}\dfrac{\partial V_x}{\partial x} + \dfrac{1}{2}\sqrt{\dfrac{c_{11}}{\rho}}\dfrac{\partial \sigma_{xx}}{\partial x} + c_{13}\dfrac{\partial V_z}{\partial z} \\[2mm]
\dfrac{\partial \sigma_{zz}}{\partial t} = \dfrac{1}{2}c_{13}\dfrac{\partial V_x}{\partial x} + \dfrac{1}{2}\dfrac{c_{13}}{\sqrt{\rho c_{11}}}\dfrac{\partial \sigma_{xx}}{\partial x} + c_{33}\dfrac{\partial V_z}{\partial z} \\[2mm]
\dfrac{\partial \sigma_{xy}}{\partial t} = \dfrac{1}{2}c_{66}\dfrac{\partial V_y}{\partial x} + \dfrac{1}{2}\sqrt{\dfrac{c_{66}}{\rho}}\dfrac{\partial \sigma_{xy}}{\partial x} \\[2mm]
\dfrac{\partial \sigma_{yz}}{\partial t} = c_{44}\dfrac{\partial V_y}{\partial z} \\[2mm]
\dfrac{\partial \sigma_{xz}}{\partial t} = \dfrac{1}{2}V_{44}\dfrac{\partial V_z}{\partial x} - \dfrac{1}{2}\sqrt{\dfrac{c_{44}}{\rho}}\dfrac{\partial \sigma_{xz}}{\partial x} + c_{44}\dfrac{\partial V_x}{\partial z}
\end{cases}
\tag{3-53a}
$$

（2）右边界吸收边界条件方程

$$
\begin{cases}
\dfrac{\partial V_x}{\partial t} = -\dfrac{1}{2}\sqrt{\dfrac{c_{11}}{\rho}}\dfrac{\partial V_x}{\partial x} + \dfrac{1}{2\rho}\dfrac{\partial \sigma_{xx}}{\partial x} + \dfrac{1}{\rho}\dfrac{\partial \sigma_{xz}}{\partial z} \\[3mm]
\dfrac{\partial V_z}{\partial t} = -\dfrac{1}{2}\sqrt{\dfrac{C_{44}}{\rho}}\dfrac{\partial V_z}{\partial x} + \dfrac{1}{2\rho}\dfrac{\partial \sigma_{xz}}{\partial x} + \dfrac{1}{\rho}\dfrac{\partial \sigma_{zz}}{\partial z} \\[3mm]
\dfrac{\partial V_y}{\partial t} = -\dfrac{1}{2}\sqrt{\dfrac{c_{66}}{\rho}}\dfrac{\partial V_z}{\partial x} + \dfrac{1}{2\rho}\dfrac{\partial \sigma_{xy}}{\partial x} + \dfrac{1}{\rho}\dfrac{\partial \sigma_{yz}}{\partial z} \\[3mm]
\dfrac{\partial \sigma_{xx}}{\partial t} = \dfrac{1}{2}c_{11}\dfrac{\partial V_x}{\partial x} - \dfrac{1}{2}\sqrt{\dfrac{c_{11}}{\rho}}\dfrac{\partial \sigma_{xx}}{\partial x} + c_{13}\dfrac{\partial V_z}{\partial z} \\[3mm]
\dfrac{\partial \sigma_{zz}}{\partial t} = \dfrac{1}{2}c_{13}\dfrac{\partial V_x}{\partial x} - \dfrac{1}{2}\dfrac{c_{13}}{\sqrt{\rho c_{11}}}\dfrac{\partial \sigma_{xx}}{\partial x} + c_{33}\dfrac{\partial V_z}{\partial z} \\[3mm]
\dfrac{\partial \sigma_{xy}}{\partial t} = \dfrac{1}{2}c_{66}\dfrac{\partial V_y}{\partial x} - \dfrac{1}{2}\sqrt{\dfrac{c_{66}}{\rho}}\dfrac{\partial \sigma_{xy}}{\partial x} \\[3mm]
\dfrac{\partial \sigma_{yz}}{\partial t} = c_{44}\dfrac{\partial V_y}{\partial z} \\[3mm]
\dfrac{\partial \sigma_{xz}}{\partial t} = \dfrac{1}{2}c_{44}\dfrac{\partial V_z}{\partial x} - \dfrac{1}{2}\sqrt{\dfrac{c_{44}}{\rho}}\dfrac{\partial \sigma_{xz}}{\partial x} + c_{44}\dfrac{\partial V_x}{\partial z}
\end{cases}
\qquad (3\text{-}53\mathrm{b})
$$

（3）顶边界吸收边界条件方程

$$
\begin{cases}
\dfrac{\partial V_x}{\partial t} = \dfrac{1}{\rho}\dfrac{\partial \sigma_{xx}}{\partial x} + \dfrac{1}{2}\sqrt{\dfrac{c_{44}}{\rho}}\dfrac{\partial V_x}{\partial z} + \dfrac{1}{2\rho}\dfrac{\partial \sigma_{xz}}{\partial z} \\[3mm]
\dfrac{\partial V_z}{\partial t} = \dfrac{1}{\rho}\dfrac{\partial \sigma_{xz}}{\partial x} + \dfrac{1}{2}\sqrt{\dfrac{c_{33}}{\rho}}\dfrac{\partial V_z}{\partial z} + \dfrac{1}{2\rho}\dfrac{\partial \sigma_{zz}}{\partial z} \\[3mm]
\dfrac{\partial V_y}{\partial t} = -\dfrac{1}{4\rho}\dfrac{\partial V_y}{\partial z} + \dfrac{1}{\rho}\dfrac{\partial \sigma_{xy}}{\partial x} - \dfrac{1}{4\rho}\dfrac{1}{\sqrt{\rho c_{44}}}\dfrac{\partial \sigma_{yz}}{\partial z} \\[3mm]
\dfrac{\partial \sigma_{xx}}{\partial t} = c_{11}\dfrac{\partial V_x}{\partial x} + \dfrac{1}{2}c_{13}\dfrac{\partial V_z}{\partial z} + \dfrac{c_{13}}{2\sqrt{\rho c_{33}}}\dfrac{\partial \sigma_{zz}}{\partial z} \\[3mm]
\dfrac{\partial \sigma_{zz}}{\partial t} = c_{13}\dfrac{\partial V_x}{\partial x} + \dfrac{1}{2}c_{33}\dfrac{\partial V_z}{\partial z} + \dfrac{1}{2}\sqrt{\dfrac{c_{33}}{\rho}}\dfrac{\partial \sigma_{zz}}{\partial z} \\[3mm]
\dfrac{\partial \sigma_{xy}}{\partial t} = c_{66}\dfrac{\partial V_y}{\partial x} \\[3mm]
\dfrac{\partial \sigma_{yz}}{\partial t} = -\dfrac{1}{4\rho}\sqrt{\dfrac{c_{44}}{\rho}}\dfrac{\partial V_y}{\partial z} - \dfrac{1}{4\rho}\dfrac{\partial \sigma_{yz}}{\partial z} \\[3mm]
\dfrac{\partial \sigma_{xz}}{\partial t} = c_{44}\dfrac{\partial V_z}{\partial x} + \dfrac{1}{2}c_{44}\dfrac{\partial V_x}{\partial z} + \dfrac{1}{2}\sqrt{\dfrac{c_{44}}{\rho}}\dfrac{\partial \sigma_{xz}}{\partial z}
\end{cases}
\qquad (3\text{-}53\mathrm{c})
$$

（4）底边界吸收边界条件方程

$$
\begin{cases}
\dfrac{\partial V_x}{\partial t} = \dfrac{1}{\rho}\dfrac{\partial \sigma_{xx}}{\partial x} - \dfrac{1}{2}\sqrt{\dfrac{c_{44}}{\rho}}\dfrac{\partial V_x}{\partial z} + \dfrac{1}{2\rho}\dfrac{\partial \sigma_{xz}}{\partial z} \\[3mm]
\dfrac{\partial V_z}{\partial t} = \dfrac{1}{\rho}\dfrac{\partial \sigma_{xz}}{\partial x} - \dfrac{1}{2}\sqrt{\dfrac{c_{33}}{\rho}}\dfrac{\partial V_z}{\partial z} + \dfrac{1}{2\rho}\dfrac{\partial \sigma_{zz}}{\partial z} \\[3mm]
\dfrac{\partial V_y}{\partial t} = -\dfrac{1}{4\rho}\dfrac{\partial V_y}{\partial z} + \dfrac{1}{\rho}\dfrac{\partial \sigma_{xy}}{\partial x} + \dfrac{1}{4\rho}\dfrac{1}{\sqrt{\rho c_{44}}}\dfrac{\partial \sigma_{yz}}{\partial z} \\[3mm]
\dfrac{\partial \sigma_{xx}}{\partial t} = c_{11}\dfrac{\partial V_x}{\partial x} + \dfrac{1}{2}c_{13}\dfrac{\partial V_z}{\partial z} - \dfrac{c_{13}}{2\sqrt{\rho c_{33}}}\dfrac{\partial \sigma_{zz}}{\partial z} \\[3mm]
\dfrac{\partial \sigma_{zz}}{\partial t} = c_{13}\dfrac{\partial V_x}{\partial x} + \dfrac{1}{2}c_{33}\dfrac{\partial V_z}{\partial z} - \dfrac{1}{2}\sqrt{\dfrac{c_{33}}{\rho}}\dfrac{\partial \sigma_{zz}}{\partial z} \\[3mm]
\dfrac{\partial \sigma_{xy}}{\partial t} = c_{66}\dfrac{\partial V_y}{\partial x} \\[3mm]
\dfrac{\partial \sigma_{yz}}{\partial t} = -\dfrac{1}{4}\sqrt{\dfrac{c_{44}}{\rho}}\dfrac{\partial V_y}{\partial z} - \dfrac{1}{4\rho}\dfrac{\partial \sigma_{yz}}{\partial z} \\[3mm]
\dfrac{\partial \sigma_{xz}}{\partial t} = c_{44}\dfrac{\partial V_z}{\partial x} + \dfrac{1}{2}\rho c_{44}\dfrac{\partial V_x}{\partial z} - \dfrac{1}{2}\sqrt{\dfrac{c_{44}}{\rho}}\dfrac{\partial \sigma_{xz}}{\partial z}
\end{cases}
\tag{3-53d}
$$

（5）左上角边界吸收边界条件方程

$$
\begin{cases}
\dfrac{\partial V_x}{\partial t} = \dfrac{1}{2}\sqrt{\dfrac{c_{11}}{\rho}}\dfrac{\partial V_x}{\partial x} + \dfrac{1}{2\rho}\dfrac{\partial \sigma_{xx}}{\partial x} + \dfrac{1}{2}\sqrt{\dfrac{c_{44}}{\rho}}\dfrac{\partial V_x}{\partial z} + \dfrac{1}{2\rho}\dfrac{\partial \sigma_{xz}}{\partial z} \\[3mm]
\dfrac{\partial V_z}{\partial t} = \dfrac{1}{2}\sqrt{\dfrac{c_{44}}{\rho}}\dfrac{\partial V_z}{\partial x} + \dfrac{1}{2\rho}\dfrac{\partial \sigma_{xz}}{\partial x} + \dfrac{1}{2}\sqrt{\dfrac{c_{33}}{\rho}}\dfrac{\partial V_z}{\partial z} + \dfrac{1}{2\rho}\dfrac{\partial \sigma_{zz}}{\partial z} \\[3mm]
\dfrac{\partial V_y}{\partial t} = \dfrac{1}{2}\sqrt{\dfrac{c_{66}}{\rho}}\dfrac{\partial V_y}{\partial x} + \dfrac{1}{2\rho}\dfrac{\partial \sigma_{xy}}{\partial x} - \dfrac{1}{4\rho}\dfrac{\partial V_y}{\partial z} - \dfrac{1}{4\rho}\dfrac{1}{\sqrt{\rho c_{44}}}\dfrac{\partial \sigma_{yz}}{\partial z} \\[3mm]
\dfrac{\partial \sigma_{xx}}{\partial t} = \dfrac{1}{2}c_{11}\dfrac{\partial V_x}{\partial x} + \dfrac{1}{2}\sqrt{\dfrac{c_{11}}{\rho}}\dfrac{\partial \sigma_{xx}}{\partial x} + \dfrac{1}{2}c_{13}\dfrac{\partial V_z}{\partial z} + \dfrac{c_{13}}{2\sqrt{\rho c_{33}}}\dfrac{\partial \sigma_{zz}}{\partial z} \\[3mm]
\dfrac{\partial \sigma_{zz}}{\partial t} = \dfrac{1}{2}c_{13}\dfrac{\partial V_x}{\partial x} + \dfrac{1}{2}\dfrac{c_{13}}{\sqrt{\rho c_{33}}}\dfrac{\partial \sigma_{xx}}{\partial x} + \dfrac{1}{2}c_{33}\dfrac{\partial V_z}{\partial z} + \dfrac{1}{2}\sqrt{\dfrac{c_{33}}{\rho}}\dfrac{\partial \sigma_{zz}}{\partial z} \\[3mm]
\dfrac{\partial \sigma_{xy}}{\partial t} = \dfrac{1}{2}c_{66}\dfrac{\partial V_y}{\partial x} + \dfrac{1}{2}\sqrt{\dfrac{c_{66}}{\rho}}\dfrac{\partial \sigma_{xy}}{\partial x} \\[3mm]
\dfrac{\partial \sigma_{yz}}{\partial t} = -\dfrac{1}{4\rho}\sqrt{\dfrac{c_{44}}{\rho}}\dfrac{\partial V_y}{\partial z} - \dfrac{1}{4\rho}\dfrac{\partial \sigma_{yz}}{\partial z} \\[3mm]
\dfrac{\partial \sigma_{xz}}{\partial t} = \dfrac{1}{2}c_{44}\dfrac{\partial V_z}{\partial x} + \dfrac{1}{2}\sqrt{\dfrac{c_{44}}{\rho}}\dfrac{\partial \sigma_{xz}}{\partial x} + \dfrac{1}{2}c_{44}\dfrac{\partial V_x}{\partial z} + \dfrac{1}{2}\sqrt{\dfrac{c_{44}}{\rho}}\dfrac{\partial \sigma_{xz}}{\partial z}
\end{cases}
\tag{3-53e}
$$

（6）右下角边界吸收边界条件方程

$$
\left\{
\begin{aligned}
\frac{\partial V_x}{\partial t} &= -\frac{1}{2}\sqrt{\frac{c_{11}}{\rho}}\frac{\partial V_x}{\partial x} + \frac{1}{2\rho}\frac{\partial \sigma_{xx}}{\partial x} - \frac{1}{2}\sqrt{\frac{c_{44}}{\rho}}\frac{\partial V_x}{\partial z} + \frac{1}{2\rho}\frac{\partial \sigma_{xz}}{\partial z} \\
\frac{\partial V_z}{\partial t} &= -\frac{1}{2}\sqrt{\frac{c_{44}}{\rho}}\frac{\partial V_z}{\partial x} + \frac{1}{2\rho}\frac{\partial \sigma_{xz}}{\partial x} - \frac{1}{2}\sqrt{\frac{c_{11}}{\rho}}\frac{\partial V_z}{\partial z} + \frac{1}{2\rho}\frac{\partial \sigma_{zz}}{\partial z} \\
\frac{\partial V_y}{\partial t} &= -\frac{1}{2}\sqrt{\frac{c_{66}}{\rho}}\frac{\partial V_y}{\partial x} + \frac{1}{2\rho}\frac{\partial \sigma_{xy}}{\partial x} - \frac{1}{4\rho}\frac{\partial V_y}{\partial z} - \frac{1}{4\rho}\frac{1}{\sqrt{\rho c_{44}}}\frac{\partial \sigma_{yz}}{\partial z} \\
\frac{\partial \sigma_{xx}}{\partial t} &= \frac{1}{2}\rho c_{11}\frac{\partial V_x}{\partial x} - \frac{1}{2}\sqrt{\frac{c_{11}}{\rho}}\frac{\partial \sigma_{xx}}{\partial x} + \frac{1}{2}c_{13}\frac{\partial V_z}{\partial z} - \frac{c_{13}}{2\sqrt{\rho c_{33}}}\frac{\partial \sigma_{zz}}{\partial z} \\
\frac{\partial \sigma_{zz}}{\partial t} &= \frac{1}{2}c_{13}\frac{\partial V_x}{\partial x} - \frac{1}{2}\frac{c_{13}}{\sqrt{\rho c_{11}}}\frac{\partial \sigma_{xx}}{\partial x} + \frac{1}{2}c_{33}\frac{\partial V_z}{\partial z} - \frac{1}{2}\sqrt{\frac{c_{33}}{\rho}}\frac{\partial \sigma_{zz}}{\partial z} \\
\frac{\partial \sigma_{xy}}{\partial t} &= \frac{1}{2}c_{66}\frac{\partial V_y}{\partial x} - \frac{1}{2}\sqrt{\frac{c_{66}}{\rho}}\frac{\partial \sigma_{xy}}{\partial x} \\
\frac{\partial \sigma_{yz}}{\partial t} &= -\frac{1}{4}\sqrt{\frac{c_{44}}{\rho}}\frac{\partial V_y}{\partial z} - \frac{1}{4\rho}\frac{\partial \sigma_{yz}}{\partial z} \\
\frac{\partial \sigma_{xz}}{\partial t} &= \frac{1}{2}c_{44}\frac{\partial V_z}{\partial x} - \frac{1}{2}\sqrt{\frac{c_{44}}{\rho}}\frac{\partial \sigma_{xz}}{\partial x} + \frac{1}{2}c_{44}\frac{\partial V_x}{\partial z} - \frac{1}{2}\sqrt{\frac{c_{44}}{\rho}}\frac{\partial \sigma_{xz}}{\partial z}
\end{aligned}
\right.
\tag{3-53f}
$$

（7）右上角边界吸收边界条件方程

$$
\left\{
\begin{aligned}
\frac{\partial V_x}{\partial t} &= -\frac{1}{2}\sqrt{\frac{c_{11}}{\rho}}\frac{\partial V_x}{\partial x} + \frac{1}{2\rho}\frac{\partial \sigma_{xx}}{\partial x} + \frac{1}{2}\sqrt{\frac{c_{44}}{\rho}}\frac{\partial V_x}{\partial z} + \frac{1}{2\rho}\frac{\partial \sigma_{xz}}{\partial z} \\
\frac{\partial V_z}{\partial t} &= -\frac{1}{2}\sqrt{\frac{c_{44}}{\rho}}\frac{\partial V_z}{\partial x} + \frac{1}{2\rho}\frac{\partial \sigma_{xz}}{\partial x} + \frac{1}{2}\sqrt{\frac{c_{44}}{\rho}}\frac{\partial V_z}{\partial z} + \frac{1}{2\rho}\frac{\partial \sigma_{zz}}{\partial z} \\
\frac{\partial V_y}{\partial t} &= -\frac{1}{2}\sqrt{\frac{c_{66}}{\rho}}\frac{\partial V_y}{\partial x} + \frac{1}{2\rho}\frac{\partial \sigma_{xy}}{\partial x} - \frac{1}{4\rho}\frac{\partial V_y}{\partial z} - \frac{1}{4\rho}\frac{1}{\sqrt{\rho c_{44}}}\frac{\partial \sigma_{yz}}{\partial z} \\
\frac{\partial \sigma_{xx}}{\partial t} &= \frac{1}{2}c_{11}\frac{\partial V_x}{\partial x} - \frac{1}{2}\sqrt{\frac{c_{11}}{\rho}}\frac{\partial \sigma_{xx}}{\partial x} + \frac{1}{2}c_{13}\frac{\partial V_z}{\partial z} + \frac{c_{13}}{2\sqrt{\rho c_{33}}}\frac{\partial \sigma_{zz}}{\partial z} \\
\frac{\partial \sigma_{zz}}{\partial t} &= \frac{1}{2}c_{13}\frac{\partial V_x}{\partial x} - \frac{1}{2}\frac{c_{13}}{\sqrt{\rho c_{11}}}\frac{\partial \sigma_{xx}}{\partial x} + \frac{1}{2}c_{33}\frac{\partial V_z}{\partial z} + \frac{1}{2}\sqrt{\frac{c_{33}}{\rho}}\frac{\partial \sigma_{zz}}{\partial z} \\
\frac{\partial \sigma_{xy}}{\partial t} &= \frac{1}{2}c_{66}\frac{\partial V_y}{\partial x} - \frac{1}{2}\sqrt{\frac{c_{66}}{\rho}}\frac{\partial \sigma_{xy}}{\partial x} \\
\frac{\partial \sigma_{yz}}{\partial t} &= -\frac{1}{4\rho}\sqrt{\frac{c_{44}}{\rho}}\frac{\partial V_y}{\partial z} - \frac{1}{4\rho}\frac{\partial \sigma_{yz}}{\partial z} \\
\frac{\partial \sigma_{xz}}{\partial t} &= \frac{1}{2}c_{44}\frac{\partial V_z}{\partial x} - \frac{1}{2}\sqrt{\frac{c_{44}}{\rho}}\frac{\partial \sigma_{xz}}{\partial x} + \frac{1}{2}c_{44}\frac{\partial V_x}{\partial z} + \frac{1}{2}\sqrt{\frac{c_{44}}{\rho}}\frac{\partial \sigma_{xz}}{\partial z}
\end{aligned}
\right.
\tag{3-53g}
$$

（8）左下角边界吸收边界条件方程

$$\begin{cases}
\dfrac{\partial V_x}{\partial t} = \dfrac{1}{2}\sqrt{\dfrac{c_{11}}{\rho}}\dfrac{\partial V_x}{\partial x} + \dfrac{1}{2\rho}\dfrac{\partial \sigma_{xx}}{\partial x} - \dfrac{1}{2}\sqrt{\dfrac{c_{44}}{\rho}}\dfrac{\partial V_x}{\partial z} + \dfrac{1}{2\rho}\dfrac{\partial \sigma_{xz}}{\partial z} \\[2mm]
\dfrac{\partial V_z}{\partial t} = \dfrac{1}{2}\sqrt{\dfrac{c_{44}}{\rho}}\dfrac{\partial V_z}{\partial x} + \dfrac{1}{2\rho}\dfrac{\partial \sigma_{xz}}{\partial x} - \dfrac{1}{2}\sqrt{\dfrac{c_{33}}{\rho}}\dfrac{\partial V_z}{\partial z} + \dfrac{1}{2\rho}\dfrac{\partial \sigma_{zz}}{\partial z} \\[2mm]
\dfrac{\partial V_y}{\partial t} = \dfrac{1}{2}\sqrt{\dfrac{c_{66}}{\rho}}\dfrac{\partial V_y}{\partial x} + \dfrac{1}{2\rho}\dfrac{\partial \sigma_{xy}}{\partial x} - \dfrac{1}{4\rho}\dfrac{\partial V_y}{\partial z} - \dfrac{1}{4\rho}\dfrac{1}{\sqrt{\rho c_{44}}}\dfrac{\partial \sigma_{yz}}{\partial z} \\[2mm]
\dfrac{\partial \sigma_{xx}}{\partial t} = \dfrac{1}{2}c_{11}\dfrac{\partial V_x}{\partial x} + \dfrac{1}{2}\sqrt{\dfrac{c_{11}}{\rho}}\dfrac{\partial \sigma_{xx}}{\partial x} + \dfrac{1}{2}c_{13}\dfrac{\partial V_z}{\partial z} + \dfrac{c_{13}}{2\sqrt{\rho c_{33}}}\dfrac{\partial \sigma_{zz}}{\partial z} \\[2mm]
\dfrac{\partial \sigma_{zz}}{\partial t} = \dfrac{1}{2}c_{13}\dfrac{\partial V_x}{\partial x} + \dfrac{1}{2}\dfrac{c_{13}}{\sqrt{\rho c_{11}}}\dfrac{\partial \sigma_{xx}}{\partial x} + \dfrac{1}{2}c_{33}\dfrac{\partial V_z}{\partial z} - \dfrac{1}{2}\sqrt{\dfrac{c_{33}}{\rho}}\dfrac{\partial \sigma_{zz}}{\partial z} \\[2mm]
\dfrac{\partial \sigma_{xy}}{\partial t} = \dfrac{1}{2}c_{66}\dfrac{\partial V_y}{\partial x} + \dfrac{1}{2}\sqrt{\dfrac{c_{66}}{\rho}}\dfrac{\partial \sigma_{xy}}{\partial x} \\[2mm]
\dfrac{\partial \sigma_{yz}}{\partial t} = \dfrac{1}{4\rho}\sqrt{\dfrac{c_{44}}{\rho}}\dfrac{\partial V_y}{\partial z} - \dfrac{1}{4\rho}\dfrac{\partial \sigma_{yz}}{\partial z} \\[2mm]
\dfrac{\partial \sigma_{xz}}{\partial t} = \dfrac{1}{2}c_{44}\dfrac{\partial V_z}{\partial x} + \dfrac{1}{2}\sqrt{\dfrac{c_{44}}{\rho}}\dfrac{\partial \sigma_{xz}}{\partial x} + \dfrac{1}{2}c_{44}\dfrac{\partial V_x}{\partial z} - \dfrac{1}{2}\sqrt{\dfrac{c_{44}}{\rho}}\dfrac{\partial \sigma_{xz}}{\partial z}
\end{cases} \tag{3-53h}$$

为了取得更佳的数值模拟结果，本次研究在采用吸收边界条件的同时，还在计算区域的边界处加了一个宽度为 L 的衰减带，如图 3-28 所示，当地震波传播到衰减带时，给相应的波场值乘以一衰减因子 $D(x,z,t)$，衰减传播到边界的波的能量，减小边界反射。经试验，选取衰减因子 $D(x,z,t)=\exp[-C(x,z)t]$ 效果较好，$C(x,z)$ 取与衰减带 L 和计算点网格结点位置有关的线性函数或指数函数。

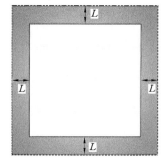

图 3-28　衰减边界示意图

为了验证边界条件的效果，设计了一个弹性各向同性介质模型，网格 100×100，网格间距为 2 m，$v_p=2\,750$ m/s，$v_s=1\,040$ m/s，$\rho=2.2$ g/cm³。震源位于模型顶部中心位置，坐标(100,0)，检波器和震源位于同一水平线上，检波器间距为 2 m，共 101 个检波器。时间采样间隔为 0.1 ms，震源采用主频 50 Hz 的雷克子波。图 3-29(a)、图 3-29(b)、图 3-29(c)分别是不加边界条件、仅加了吸收边界条件和加了带衰减的吸收边界条件的三分量波场，从图上可以看出：图 3-29(a)中没有加边界条件的情况下，边界反射很强；图 3-29(b)加了吸收边界后，边界反射得到了一定的抑制；图 3-29(c)采用了加阻尼的吸收边界条件后，边界反射能量基本被吸收。由此可以看出，边界条件收到了很好的效果。

3.2.4　震源函数

在本方法研究中，对于纵波震源，在震源点所在的网格上，在 σ_{xx} 和 σ_{zz} 分量上加一个点震源。对于包含纵波和横波的震源，在震源点所在的网格上，在 σ_{xx}、σ_{zz}、σ_{xz}、σ_{xy}、σ_{yz} 分量上分别加一个点震源。用于数值模拟的震源子波有多种，包括高斯子波、雷克子波、钟型函数等。本研究选震源函数为雷克子波。

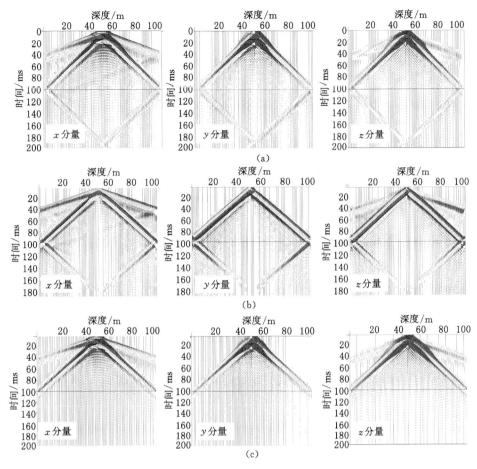

图 3-29　不同边界条件的三分量波场

（a）无边界条件的三分量波场；（b）仅加了吸收边界条件的三分量波场；

（c）加了带阻尼的吸收边界条件的波场

3.2.5　VTI 介质弹性波的波动特征

（1）各向异性弹性波的 Christoffel 方程

VTI 是最为常见的各向异性介质，由本构方程、运动平衡微分方程和几何方程可以导出 VTI 介质的三维波动方程[76]：

$$\begin{cases} c_{11}\dfrac{\partial^2 u_x}{\partial x^2} + c_{66}\dfrac{\partial^2 u_x}{\partial y^2} + c_{44}\dfrac{\partial^2 u_x}{\partial z^2} + (c_{12}+c_{66})\dfrac{\partial^2 u_y}{\partial x \partial y} + (c_{13}+c_{44})\dfrac{\partial^2 u_z}{\partial x \partial z} + \rho f_x = \rho\dfrac{\partial^2 u_x}{\partial t^2} \\[2mm] c_{66}\dfrac{\partial^2 u_y}{\partial x^2} + c_{11}\dfrac{\partial^2 u_y}{\partial y^2} + c_{44}\dfrac{\partial^2 u_y}{\partial z^2} + (c_{12}+c_{66})\dfrac{\partial^2 u_x}{\partial x \partial y} + (c_{13}+c_{44})\dfrac{\partial^2 u_z}{\partial y \partial z} + \rho f_y = \rho\dfrac{\partial^2 u_y}{\partial t^2} \\[2mm] c_{44}\dfrac{\partial^2 u_z}{\partial x^2} + c_{44}\dfrac{\partial^2 u_z}{\partial y^2} + c_{33}\dfrac{\partial^2 u_z}{\partial z^2} + (c_{13}+c_{44})\dfrac{\partial^2 u_z}{\partial x \partial z} + (c_{13}+c_{44})\dfrac{\partial^2 u_y}{\partial y \partial z} + \rho f_z = \rho\dfrac{\partial^2 u_z}{\partial t^2} \end{cases}$$

$$(3-54)$$

VTI 介质波的传播特征不同于各向同性介质，下面在二维 XOZ 对称平面内研究各向异性波在速度、偏振方向等方面的特征。

设一简谐平面波方程为：

$$U = A e^{i(n_x x + n_y y + n_z z - vt)} \tag{3-55}$$

式中，$U = (u_x, u_y, u_z)^T$，为位移矢量；$A = (A_x, A_y, A_z)^T$，为振幅矢量；(n_x, n_y, n_z) 为波的传播方向矢量；v 为波的传播速度，即相速度。

二维情况下，在 XOZ 平面内，若波的传播方向 k，具有与 Z 轴方向的夹角 φ，则单位向量 k 的各个分量 $n_x = \sin\varphi, n_z = \cos\varphi, n_y = 0$。这时，将式 (3-55) 代入 VTI 介质弹性波动方程式 (3-54) 中，且二维情况下对 Y 的偏导数都等于零，并忽略体力项，可得如下的二维 VTI 时间域 Kelvin-Christoffel 方程[77]：

$$\begin{cases} (C_{11} n_x^2 + C_{44} n_z^2 - \rho v^2) A_x + (C_{13} + C_{44}) n_x n_z A_z = 0 \\ (C_{66} n_x^2 + C_{44} n_z^2 - \rho v^2) A_y = 0 \\ (C_{13} + C_{44}) n_x n_z A_x + (C_{44} n_x^2 + C_{33} n_z^2 - \rho v^2) A_z = 0 \end{cases}$$

即

$$\begin{bmatrix} C_{11} \sin^2\varphi + C_{44} \cos^2\varphi - \rho v^2 & 0 & (C_{13} + C_{44}) \sin\varphi\cos\varphi \\ 0 & C_{66} \sin^2\varphi + C_{44} \cos^2\varphi - \rho v^2 & 0 \\ (C_{13} + C_{44}) \sin\varphi\cos\varphi & 0 & C_{44} \sin^2\varphi + C_{33} \cos^2\varphi - \rho v^2 \end{bmatrix} \begin{bmatrix} A_x \\ A_y \\ A_z \end{bmatrix} = 0$$

$$\tag{3-56}$$

(2) VTI 介质弹性波的相速度及偏振方向

由 Kelvin 方程求得的速度即为相速度，相速度代表了平面波传播的速度，在均匀介质中相速度是恒定的，易于求解，但在各向异性介质中，相速度的解析表达式比较复杂，一般只能给出特定面（对称面）或特定方向（对称轴）的表达式。

① 准 SH 波 q^{SH} 的相速度和偏振方向。

要使式 (3-56) 有非零解，系数行列式必等于零。首先固定波的传播方向，设 φ 为传播方向与垂直轴 Z 的夹角，设定 $A_x = 0$ 和 $A_z = 0$，可以得到：

$$C_{66} \sin^2\varphi + C_{44} \cos^2\varphi - \rho v^2 = 0 \tag{3-57}$$

这时质点振动方向垂直于 XOZ 平面，这种波为准 SH 波（图 3-30 中所示为 q^{SH}）。由式 (3-57) 可知 SH 波的相速度为：

$$v_{SH} = \sqrt{(C_{66} \sin^2\varphi + C_{44} \cos^2\varphi)/\rho} \tag{3-58}$$

当 $\varphi = 0°$ 时，波沿 Z 轴传播，$v_{SH} = \sqrt{C_{44}/\rho}$，极化方向在 Z 轴上平行于 Y 轴，即垂直于 XOZ 平面，是一种 $S_\perp$ 横波；当 $\varphi = 90°$ 时，波沿 X 轴传播，$v_{SH} = \sqrt{C_{66}/\rho}$；当 $0° < \varphi < 90°$ 时，相速度依空间角 φ 而改变。该波速在 XYZ 空间变化规律可以用以 Z 轴为轴线，以 $x = \sqrt{C_{66}/\rho}$ 和 $z = \sqrt{C_{44}/\rho}$ 两点间速度变化曲线为母线的旋转曲面来表示。

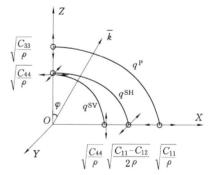

图 3-30 VTI 介质中波的相速度和偏振性质示意图

② 准 P 波 q^p 和准 SV 波 q^{SV} 的相速度和偏振方向。

由式 (3-56)，设 $A_y = 0$，得与 SH 波振动正交的另外两个特征解所满足的方程：

$$\begin{cases} (C_{11} \sin^2\varphi + C_{44} \cos^2\varphi - \rho v^2) A_x + (C_{13} + C_{44}) \sin\varphi\cos\varphi A_z = 0 \\ (C_{13} + C_{44}) \sin\varphi\cos\varphi A_x + (C_{44} \sin^2\varphi + C_{33} \cos^2\varphi - \rho v^2) A_z = 0 \end{cases} \tag{3-59}$$

求解式(3-59)可得：

$$\omega^2 = \frac{1}{2}(p \pm q) \quad (q^p \text{波取} +, q^{sv} \text{波取} -) \tag{3-60}$$

式中，$p = C_{11}\sin^2\varphi + C_{33}\cos^2\varphi + C_{44}$；

$$q = \sqrt{\left[(C_{11}-C_{44})\sin^2\varphi - (C_{33}-C_{44})\cos^2\varphi\right]^2 + 4(C_{13}+C_{44})^2\sin^2\varphi\cos^2\varphi}.$$

由式(3-60)得准 P 波 q^p 的相速度为 $v_{q^p} = \sqrt{\dfrac{p+q}{2\rho}}$，其极化方向在 XOZ 面内，与传播方向大致一致，$\varphi_p = \dfrac{1}{2}(C_{11}-C_{12})\sin^2\varphi + C_{44}\cos^2\varphi$。当 $\varphi = 0°$ 时，$v_{q^p} = \sqrt{C_{33}/\rho}$，为慢纵波；当 $\varphi = 90°$ 时，$v_{q^p} = \sqrt{C_{11}/\rho}$，为快纵波。

q^{SV} 的相速度为 $v_{q^{SV}} = \sqrt{\dfrac{P-q}{2\rho}}$，其极化方向在 XOZ 面内，与传播方向大致垂直，$\varphi_{sv} = \varphi_p + 90°$，这种波为 SV 波，当 $\varphi = 0°$ 时，$v_{q^{SV}} = \sqrt{\dfrac{C_{44}}{\rho}}$；当 $\varphi = 90°$ 时，$v_{q^{SV}} = \sqrt{\dfrac{C_{44}}{\rho}}$。

当横波进入各向异性介质中，入射横波沿着对称轴方向传播时，此横波不会发生横波分裂，否则一般会发生横波分裂，分裂为传播方向相同而速度与偏振方向不同的两个横波 q^{SH} 和 q^{SV}，q^{SH} 具有较高的相速度，故又称为快横波；q^{SV} 具有较低的相速度，称为慢横波。

（3）VTI 介质弹性波的群速度

在均匀弹性介质中，点状震源产生的波动可以看成沿不同方向无数平面波的叠加，定义平面波传播的速度为相速度，而叠加后的波面是可观测到的振动面，其传播的速度称为群速度[78]。波面的传播代表着能量的传播，而且它是沿着射线方向进行的，故群速度又称为能量速度或射线速度。当介质为均匀各向同性介质时，相速度不随传播方向而变化，群速度跟相速度一致，相速度面和群速度面重合，均为球状。当波在各向异性介质中传播时，相速度不再保持恒定，而是随传播方向而变化，即存在角散现象。这时，群速度面不再与相速度面重合，群速度也不再与相速度一致。图 3-31 表示的是各向异性介质中群速度与相速度的关系。θ 为相速度角，φ 为群速度角，$v(\theta)$ 为相速度，$V(\varphi)$ 为群速度。根据三角关系，可以得到群速度与相速度之间的关系式：

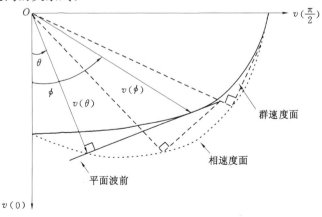

图 3-31 群速度与相速度的关系

$$V(\varphi) = \sqrt{v^2(\theta) + \left[\frac{\mathrm{d}v(\theta)}{\mathrm{d}\theta}\right]^2} \tag{3-61}$$

$$\varphi = \theta + \arctan\left[\frac{1}{v(\theta)}\frac{\mathrm{d}v(\theta)}{\mathrm{d}\theta}\right] \tag{3-62}$$

在各向异性介质中,虽然相速度 $v(\theta)$ 有精确解析表达式,但一般情况下无法给出群速度 $V(\varphi)$ 与群速度角 φ 之间的直接关系式。Sena(1991)导出了弱各向异性 TI 介质中 $V(\varphi)$ 与 φ 间的近似关系式

$$V(\varphi) = \left[\sqrt{a_0 + a_1 \sin^2\varphi + a_2 \sin^4\varphi)^2}\right]^{-1} \tag{3-63}$$

对于 q^P 波:

$$a_0 = v_{p_0}^{-2}, a_1 = -2\delta v_{p_0}^{-2}, a_2 = 2(\delta - \varepsilon)v_{p_0}^{-2} \tag{3-64}$$

对于 q^{SV} 波:

$$a_0 = v_{s_0}^{-2}, a_1 = 2v_{s_0}^{-2}(v_{p0}/v_{s0})^2(\delta - \varepsilon), a_2 = -a_1 \tag{3-65}$$

对于 q^{SH} 波:

$$a_0 = v_{s_0}^{-2}, a_1 = -2\gamma v_{s_0}^{-2}, a_2 = 0 \tag{3-66}$$

式中,$v_{p_0}, v_{s_0}, \delta, \varepsilon$ 和 γ 为 Thomsen 参数。

3.2.6 横波分裂现象

横波分裂指一横波进入各向异性介质中,一般会分裂为传播方向相同而速度与偏振方向不同的两个横波。特别地,当入射横波沿着对称轴方向传播时,此横波不会发生分裂。横波分裂是地下介质各向异性最有效的诊断方法之一,具有广泛的应用前景。利用两分裂横波的偏振方向、时间延迟以及衰减特性,有望提取地下介质中裂缝隙的发育方位、发育密度、充填物的性质等多种重要信息[66]。

3.3　基于测井和井间地震数据的各向异性建模方法

为了进行波场的数值模拟,一方面必须有反映波场传播规律的波动方程,另一方面还必须建立地层参数模型。对于要研究的 VTI 介质来说,模型参数除纵横波速度和密度外,还应该包括介质的弹性参数。

在实际模拟中,模型参数中的纵波速度 v_p 和地层密度 ρ,可由声波测井和密度测井数据给出,各个地层的各向异性系数(用弹性系数形式给出为 C_{11},C_{13},C_{33},C_{44},C_{66})除参考测井数据外,还要根据井间地震实际观测到的地震数据进行估计。

建立地层参数模型的步骤归结如下:

① 根据已有的过井地面地震剖面上的标志层位、测井曲线上的声波速度和密度特征、地下反射界面在实际井间地震记录上的反射位置以及初至波层析成像剖面等确定模型的构造形态。

② 根据声波测井数据(或零偏 VSP 数据)的 P 波速度给出射线沿垂直方向传播的 P 波速度 $v_p(0)$,根据密度测井数据给出各个深度层的密度 ρ。

③ 从实际井间地震观测的共炮点道集资料上拾取与炮点深度相一致的检波点深度处的 P 波初至时间 t_p，估算出射线沿水平方向传播的 P 波速度：$v_p(\pi/2)=L/t_p$，L 为震源井和接收井之间的水平距离。

④ 从实际井间地震观测的共炮点道集经过三分量合成后的 HP 剖面(与射线平面一致的剖面)上，拾取与炮点深度相一致的检波点深度处慢横波的直达波波至时间 t_{sv}，估算出快横波的水平方向的速度 $v_s(0)=L/t_{sv}$。

⑤ 从实际井间地震观测的共炮点道集经过三分量处理后的 HD 剖面(与射线平面垂直的剖面)上，拾取与炮点深度相一致的检波点深度处快横波的直达波波至时间 t_{sh}，估算出快横波的速度：$v_s(\pi/2)=L/t_{sh}$。

⑥ 根据 $v_p(0),v_p(\pi/2),v_s(0),v_s(\pi/2)$，估算出弹性参数 C_{11},C_{33},C_{44} 和 C_{66}。

$$\begin{cases} C_{11} = v_p^2(\pi/2)\rho \\ C_{33} = v_p^2(0)\rho \\ C_{66} = v_s^2(\pi/2)\rho \\ C_{44} = v_s^2(0)\rho \end{cases} \tag{3-67}$$

⑦ 根据 Thomsen 关于弱各向异性的近似公式，估算出 C_{13}。

$$C_{13} = \sqrt{2C_{33}(C_{33}-C_{44})\delta+(C_{33}-C_{44})^2}-C_{44} \tag{3-68}$$

式中，$\delta=4\left[\dfrac{v_p(\pi/4)}{v_p(0)}-1\right]-\left[\dfrac{v_p(\pi/2)}{v_p(0)}-1\right]$，$v_p(\pi/4)\approx[v_p(\pi/2)+v_p(0)]/2$。

3.4　井间地震的波场特征分析

3.4.1　理论模型分析井间地震的波场特征

(1) 均匀各向同性和均匀各向异性波场特征的对比分析

为了比较均匀各向异性和均匀各向同性介质中地震波场的特征，对于同一模型分别设计了两种介质参数，按两种观测系统进行模拟。模型尺寸：X 方向范围是 $0\sim200$ m，Z 方向范围是 $0\sim200$ m，网格范围尺寸 100 m×100 m，网格间距为 2 m。介质参数：对于均匀各向同性介质模型，$v_p=2\,750$ m/s，$v_s=1\,040$ m/s，$\rho=2.2$ g/cm³，弹性参数 $C_{11}=1.66\mathrm{E}+10$ Pa，$C_{13}=1.18\mathrm{E}+10$ Pa，$C_{33}=1.66\mathrm{E}+10$ Pa，$C_{44}=0.24\mathrm{E}+10$ Pa，$C_{66}=0.24\mathrm{E}+10$ Pa。对于均匀横向各向同性(各向异性)介质，$v_{p_0}=2\,750$ m/s，$v_{s_0}=1\,040$ m/s，$\rho=2.2$ g/cm³，$C_{11}=3.25\mathrm{E}+10$ Pa，$C_{13}=1.74\mathrm{E}+10$ Pa，$C_{33}=1.66\mathrm{E}+10$ Pa，$C_{44}=0.24\mathrm{E}+10$ Pa，$C_{66}=0.68\mathrm{E}+10$ Pa。所设计的两种观测系统：一种是模型中心放炮，震源坐标为(100,100)，检波器摆放在深度 $z=100$ m 处的一条水平线上，如图 3-32(a)所示。另一种是左边放炮，右边接收井间地震观测系统，震源坐标为(0,100)，接收在 $X=200$ m 的一条垂直线上接收，如图 3-32(b)所示。空间采样间隔为 2 m，时间采样间隔为 0.1 ms，震源采用 50 Hz 的雷克子波。

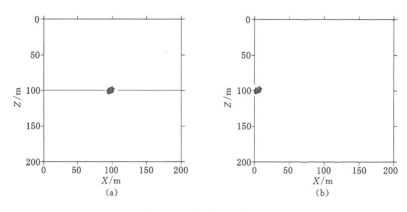

图 3-32　均匀介质模型

(a) 观测系统 1;(b) 观测系统 2

图 3-33、图 3-34、图 3-35 是采用观测系统 1 所模拟的各向同性和各向异性介质(VTI 介质)的 X、Y、Z 三分量记录的对比图。对于第一种观测系统,从图 3-33 和图 3-35 可以看出:X 分量上 P 波直达波振幅比较强,SV 波直达波振幅比较弱,并且在震源点两边极性相反;而 Z 分量上 SV 波直达波振幅比较强,P 波直达波振幅很弱,SV 波在震源点的两边极性相反。其原因可以解释为:对于第一种观测系统,接收到的波其传播方向是水平的,所以 P 波的极化方向也是水平的,P 波在水平分量上的投影最大,在垂直分量上的投影最小,而 SV 波的极化方向是垂直的,在水平分量上的投影最小,在垂直分量上的投影最大。另外,从图 3-34 可以看出,图 3-34(a)SH 波直达波比图 3-34(b)SH 直达波时间滞后,因为图 3-34(a)是均匀各向同性介质,图 3-34(b)是各向异性介质,图 3-34(a)SH 波的波至时间与各向异性介质慢横波 SV 的时间一致,图 3-34(b)SH 波的波至时间是快横波的波至时间。仔细分析图 3-33 P 波直达波的走时,也可以看到图 3-33(a)P 波直达波走时长,图 3-33(b)走时短,说明图 3-33(a)P 波走时与慢纵波走时一致,图 3-33(b)P 波走时是快纵波走时。快纵波和慢纵波的时差不如快横波和慢横波的时差大,所以快横波和慢横波的时差更能明显的指示介质的各向异性。

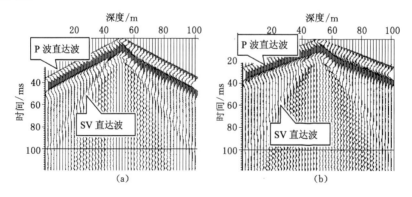

图 3-33　观测系统 1 各向同性和各向异性共炮点道集 X 分量记录的对比

(a) 各向同性;(b) 各向异性

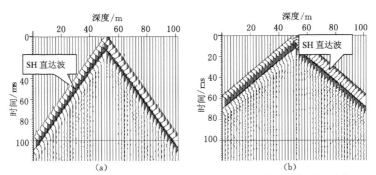

图 3-34 观测系统 1 各向同性和各向异性共炮点道集 Y 分量记录的对比

(a) 各向同性；(b) 各向异性

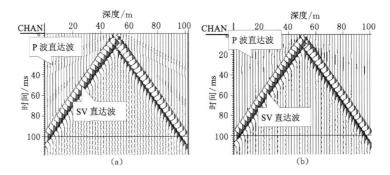

图 3-35 观测系统 1 各向同性和各向异性共炮点道集 Z 分量记录的对比

(a) 各向同性；(b) 各向异性

对于第二种观测系统，从图 3-36 和图 3-38 可以看出，X 分量上 P 波直达波振幅比较强，SV 波振幅比较弱，并且 P 波振幅在震源点深度最强，在震源点深度上下远离震源点深度逐渐减弱，SV 波振幅在震源点深度处最弱，在震源点深度两边极性相反。Z 分量上 P 波直达波振幅比较弱，SV 波振幅比较强，P 波在震源点深度的接收点处振幅几乎为零，在震源点深度上下，接收的 P 波振幅逐渐增强，其原因也可以用波的传播方向和波的极化方向在 X 分量和 Z 方向上的投影解释。另外从图 3-36 和图 3-37 也可以看出，各向异性介质 P 波直达波走时超前，反映出快纵波的特征，图 3-37 可以看出，各向异性介质［图 3-37(a)］SH 波直达波走时超前，更明显地反映出快横波的特点。

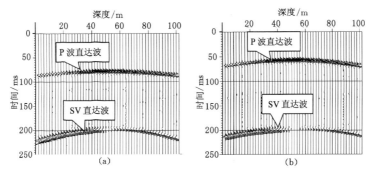

图 3-36 观测系统 2 各向同性和各向异性共炮点道集 X 分量记录的对比

(a) 各向同性；(b) 各向异性

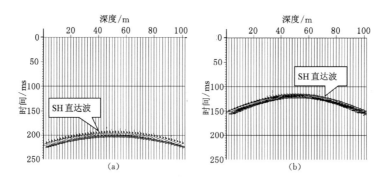

图 3-37 观测系统 2 各向同性和各向异性共炮点道集 Y 分量记录的对比

(a) 各向同性;(b) 各向异性

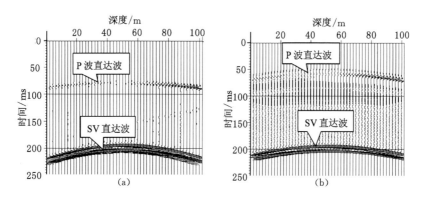

图 3-38 观测系统 2 各向同性和各向异性共炮点道集 Z 分量记录的对比

(a) 各向同性;(b) 各向异性

（2）水平层状均匀声波介质、各向同性介质和各向异性介质波场的对比分析

水平层状地质模型和观测系统如图 3-39 所示。模型尺寸：X 方向 0～300 m,Z 方向 0～1 000 m;观测系统:在左井中激发，右井接收，井间距 300 m,点震源位于(0,500)，接收井段 200～800 m,如图 3-39 中粗线所示，检波器间距为 2.5 m。对于该模型和观测系统,分别采用交错网格时间域高阶有限差分方法对声波、各向同性弹性波和各向异性弹性波进行了数值模拟。表 3-1 为声波速度、密度及弹性参数,图3-40和图 3-41 分别为利用交错网格高阶有限差分方法模拟获得的声波合成记录的水平分量和垂直分量,从图上看到的全部是 P 波信息,因为没有 S 波信息,在 Y 分量上记录没有 SH 波,记录为零,故只显示了 X 分量和 Z 分量记录。在 X 分量上 P 直达波为负同相轴,在震源深度处直达波的旅行时间最短,且直达波在震源深度处没有发生同相轴极性反转现象(P 波在水平方向上的投影极性没有变),在 Z 分量上 P 直达波在震源深度发生同相轴极性反转(P 波在垂直方向上的投影极性发生。震源深度以上的检波器接收到的同

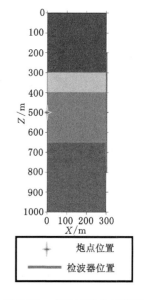

图 3-39 水平层状介质模型及观测系统示意图

相轴为正极性,震源以下检波器接收到的同相轴为负极性。在图中标出的 P 反射波 1 为第一层界面的 P 波下行反射波,P 反射波 2 为第二层界面的 P 波下行反射波,P 反射波 3 为第三层界面的上行反射波,P 反射波 4 为第四层界面的上行反射波。

表 3-1 声波模型参数表

层数	v_p /(m/s)	v_s /(m/s)	C_{11} /(E+10 Pa)	C_{13} /(E+10 Pa)	C_{33} /(E+10 Pa)	C_{44} /(E+10 Pa)	C_{66} /(E+10 Pa)	ρ /(g/m³)
1	3 415	0.0	2.799	2.799	2.799	0.0	0.0	2 400
2	3 687	0.0	3.398	3.398	3.398	0.0	0.0	2 500
3	4 113	0.0	4.398	4.398	4.398	0.0	0.0	2 600
4	4 513	0.0	5.499	5.499	5.499	0.0	0.0	2 700
5	4 855	0.0	6.600	6.600	6.600	0.0	0.0	2 800

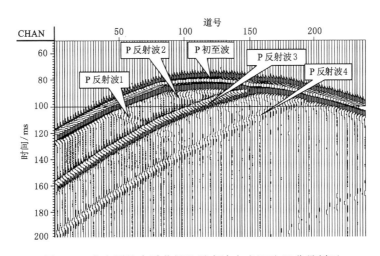

图 3-40 各向同性介质井间地震声波合成记录 X 分量剖面

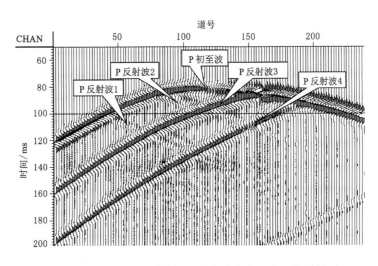

图 3-41 各向同性介质井间地震声波合成记录 Z 分量剖面

均匀各向同性介质弹性波速度、密度及弹性参数见表 3-2,图 3-42、图 3-43、图 3-44 分别为对图 3-39 中的模型和观测系统利用交错网格高阶有限差分方法数值模拟获得的各向同性弹性波合成记录的 X、Y、Z 三分量地震记录。横向各向同性介质弹性波速度、密度和弹性参数如表 3-3 所示,图 3-38 分别为对图 3-39 中的模型和观测系统利用交错网格高阶有限差分方法数值模拟获得的横向各向同性(各向异性)弹性波合成记录的 X、Y、Z 三分量地震记录。

表 3-2   各向同性介质弹性波模型参数表

层数	v_p /(m/s)	v_s /(m/s)	C_{11} /(E+10 Pa)	C_{13} /(E+10 Pa)	C_{33} /(E+10 Pa)	C_{44} /(E+10 Pa)	C_{66} /(E+10 Pa)	ρ /(g/m³)
1	3 415	2 041	2.799	0.799	2.799	0.999	0.999	2 400
2	3 687	2 097	3.398	1.199	3.398	1.099	1.099	2 500
3	4 113	2 320	4.398	1.599	4.398	1.399	1.399	2 600
4	4 513	2 434	5.499	2.300	5.499	1.600	1.600	2 700
5	4 855	2 535	6.600	3.000	6.600	1.799	1.799	2 800

表 3-3   横向各向同性(各向异性)介质弹性波模型参数表

层数	v_p /(m/s)	v_s /(m/s)	C_{11} /(E+10 Pa)	C_{13} /(E+10 Pa)	C_{33} /(E+10 Pa)	C_{44} /(E+10 Pa)	C_{66} /(E+10 Pa)	ρ /(g/m³)
1	3 415	2 041	5.475	1.693	2.799	0.999	1.501	2 400
2	3 687	2 097	6.647	2.294	3.398	1.099	1.651	2 500
3	4 113	2 320	8.603	3.017	4.398	1.399	2.101	2 600
4	4 513	2 434	10.756	4.084	5.499	1.599	2.402	2 700
5	4 855	2 535	12.909	5.151	6.600	1.799	2.702	2 800

从图 3-42、图 3-43、图 3-44 可以看出,在该 X、Z 分量剖面上除了有图 3-40、图 3-41、图 3-42 中 X、Z 分量上的纵波信息外,多了 P-SV 反射转换波、P-SV 透射转换波和 SV 波的信息。Y 分量上仅有 SH 波的信息,波形比较简单。而且在各向同性弹性波情况下,SH 波和 SV 波在波的旅行时上两者是一致的。从图 3-45、图 3-46、图 3-47 可以看出,在该 X、Y、Z 分量剖面上具有图 3-42 X 分量、图 3-43 Y 分量和图 3-19 Z 分量一样的波的类型,不同之处在于时间旅行时比各向同性介质的旅行时短。在图 3-42、图 3-43 中的 X、Z 分量记录的第一道数据可以看出,P 波初至时间为 120 ms,第三层界面的上行反射波到达第一道的旅行时为 158 ms,第四层界面的上行反射波到达第一道的旅行时为 195 ms,SV 直达波到达第一道的旅行时为 205 ms。而在图 3-45 和图 3-47 中的 X、Z 分量上第一道数据对应的时间依次是 106 ms、150 ms、190 ms。从图 3-43 Y 分量上可以看出 SH 直达波到达第一道接收点的旅行时为 203 ms,而在图 3-46 Y 分量上 SH 直达波到达第一道接收点的旅行时为 189 ms。这说明在各向异性介质情况下,Y 分量上的横波为快横波,X 和 Z 分量上的横波为慢横波,快横波明显比慢横波旅行时短得多。

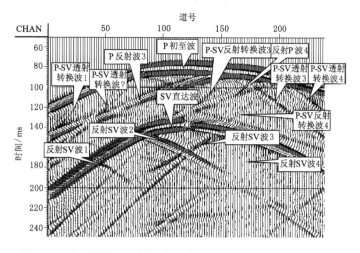

图 3-42　水平层状各向同性介质弹性波合成记录的 X 分量剖面

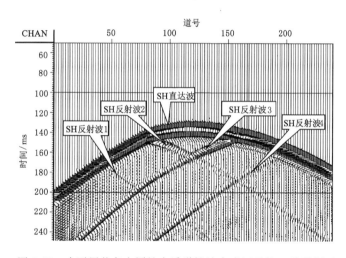

图 3-43　水平层状各向同性介质弹性波合成记录的 Y 分量剖面

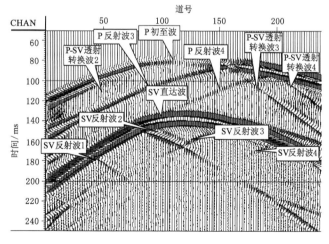

图 3-44　水平层状各向同性介质弹性波合成记录的 Z 分量剖面

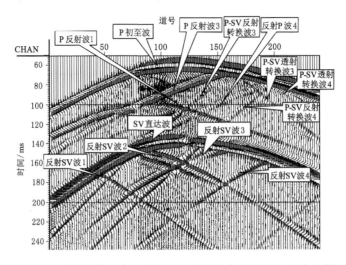

图 3-45　水平层状横向各向同性介质弹性波合成记录的 X 分量剖面

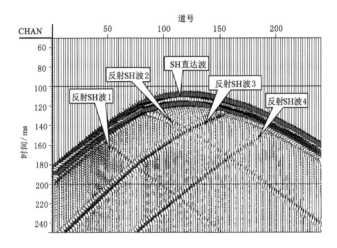

图 3-46　水平层状横向各向同性介质弹性波合成记录的 Y 分量剖面

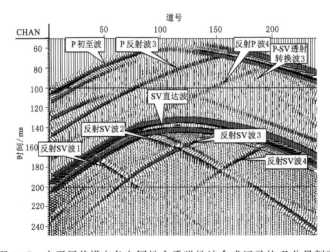

图 3-47　水平层状横向各向同性介质弹性波合成记录的 Z 分量剖面

（3）断层各向同性介质和各向异性介质波场特征的对比分析

为了更好地分析断层模型模拟的井间地震波场的特征，所构造的断层地质模型为在图 3-39 所示的水平地层模型的三、四层增加了一个断层，如图 3-48 所示。图 3-49、图 3-50、图 3-51 分别是断层模型的各向同性介质弹性波合成记录的 X 分量、Y 分量和 Z 分量剖面。图 3-52、图 3-53、图 3-54 分别是断层模型的横向各向同性介质弹性波合成记录的 X 分量、Y 分量和 Z 分量剖面。

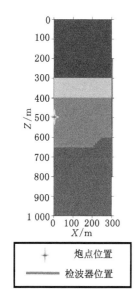

图 3-48 水平层状介质模型及观测系统示意图

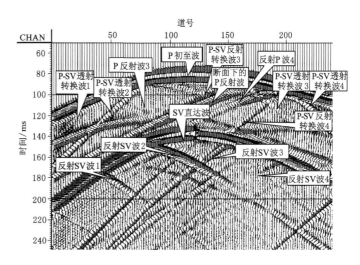

图 3-49 存在断层的各向同性介质弹性波合成记录的 X 分量剖面

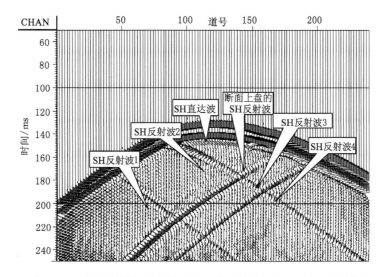

图 3-50 存在断层的各向同性介质弹性波合成记录的 Y 分量剖面

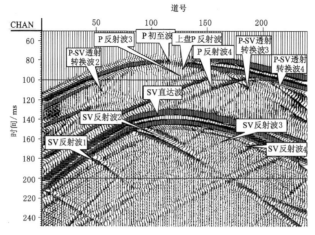

图 3-51　存在断层的各向同性介质弹性波合成记录的 Z 分量剖面

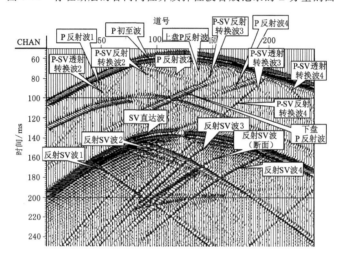

图 3-52　存在断层的横向各向同性介质弹性波合成记录的 X 分量剖面

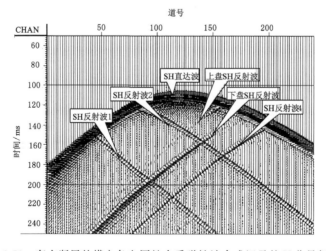

图 3-53　存在断层的横向各向同性介质弹性波合成记录的 Y 分量剖面

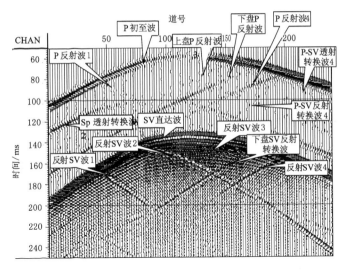

图 3-54　存在断层的横向各向同性介质弹性波合成记录的 Z 分量剖面

3.4.2　大庆油田葡 33 井区实际井间地震记录的正演模拟

（1）原始三分量资料分析与初步处理

2004 年大庆油田开展了井间地震的试验研究工作,激发所用的震源是加速度重锤,接收所用的是 10 级三分量检波器。其中一对井的井间距为 299 m,两口井互为震源井和接收井,炮点深度从 1 258 m 到 1 510 m,炮点间隔 18 m,共 15 炮。检波器深度从 986 m 到 1 811 m,检波器空间采样间隔为 3 m,共 276 个检波点。其时间采样间隔为 0.25 ms,每道记录长度 1 s。

图 3-55(a)、图 3-55(b)、图 3-55(c)分别是炮点深度为 1 402 m 的共炮点道集中的 X 分量、Y 分量和 Z 分量记录。从 3-55(a)和图 3-55(b)这两张水平的 X、Y 分量剖面上,可以看出,原始资料 X、Y 分量的能量不均衡,噪音背景很大,信噪比很低,且在 X、Y 分量上 q^p 初至(标记为 1)都有极性反转现象,同时快横波 q^{SH}(标记为 2)的轮廓隐约可见,但比较杂乱,且相邻道极性有相反的现象,这是由于井间地震通过井下放炮和井下接收来完成井间地震数据采集时,检波器在水平面内的随机转动所导致的。

从图 3-55(c)剖面上可以看出 q^p 初至 1 很清晰,即使接收井内与炮点深度对应的检波点(即李庆忠院士所提出的 45°牛角尖范围内)所接收到的初至波也隐约可见,基本能够拾取出来。若该段初至波能量很弱,通过水平分量的旋转合成,也可以在旋转后的 HP 分量上准确拾取出初至的值。另外,除了纵波的初至外,在 250～400 ms 之间有几组能量很强的同相轴,这些是横波的信息,经分析对比,确定图中 3 为慢横波 q^{SV} 的直达波,4 为慢横波 q^{SV} 的下行反射波,5 为慢横波 q^{SV} 的上行反射波,由于其能量很强,几乎压制了 q^p 初至外的其他所有的纵波信息。

由于检波器在水平面内的随机转动,及各种波的偏振方向的不同,需要对 X、Y 分量进行偏振合成。图 3-56、图 3-57 为经过偏振合成的 HP 分量(该方向与过井剖面线一致)和 HD 分量(该方向与过井剖面线垂直),偏振合成后,q^p 初至主要出现在 HP 分量上,而快横波 q^{SH} 的同相轴主要分布在 HD 分量上。

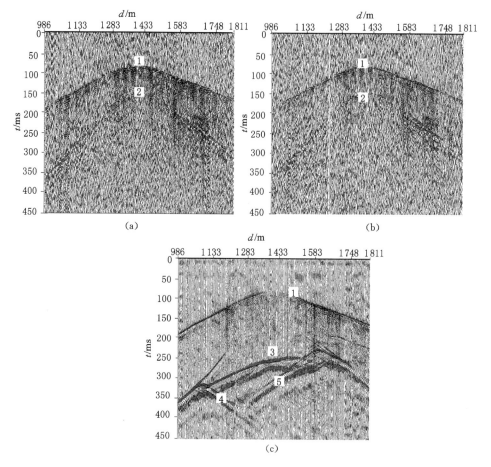

图 3-55　原始资料的三分量分量剖面

（a）X 分量；（b）Y 分量；（c）Z 分量

1——准 P 波初至波；2——快横波直达波；3——慢横波直达波；

4——慢横波下行反射波；5——快横波上行反射波

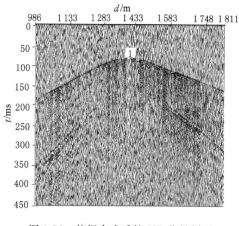

图 3-56　偏振合成后的 HP 分量剖面

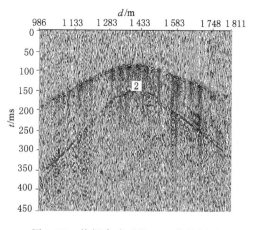

图 3-57　偏振合成后的 HD 分量剖面

（2）建立地质模型

利用测井曲线及初至波或直达波信息,计算初至旅行时或直达波旅行时,纵波初至波与实际记录的 q^p 初至数值相等时,即确定了慢纵波（即 $0°$ 纵波）和快纵波（即 $90°$ 纵波）的比值。同时通过在震源点处快横波 q^{sh}（$0°$ 横波）的直达旅行时间与慢横波 q^{sv}（即 $90°$ 横波）的直达旅行时之比来得到慢横波和快横波速度比,算出各向异性差异程度。在此次井间地震试验中,根据实际资料的分析和计算,在数值模拟中采用了慢纵波和快纵波速度比 0.715,慢横波和快横波速度比 0.604,从而依次求得各网格点的快慢纵波,快慢横波速度及密度,建立了各向异性的地质模型。表 3-4 中的 v_p,v_s 分别为纵波和横波的垂向速度,C_{11},C_{13},C_{33},C_{44},C_{66} 为弹性系数,ρ 为密度。

表 3-4　　　　　　　　　水平层状横向各向同性介质模型弹性参数表

层数	v_p /(m/s)	v_s /(m/s)	C_{11} /(E+10 Pa)	C_{13} /(E+10 Pa)	C_{33} /(E+10 Pa)	C_{44} /(E+10 Pa)	C_{66} /(E+10 Pa)	ρ /(g/m³)
1	2 450	1 298	2.524	0.985	1.290	0.362	0.994	2 150
2	2 750	1 457	3.254	1.270	1.664	0.467	1.281	2 200
3	3 400	1 802	5.246	2.047	2.682	0.753	2.065	2 320
4	2 650	1 404	3.091	1.206	1.580	0.444	1.217	2 250
5	2 500	1 325	2.665	1.040	1.362	0.383	1.049	2 180
6	2 560	1 357	2.833	1.106	1.448	0.407	1.115	2 210
7	2 600	1 378	2.935	1.146	1.501	0.422	1.155	2 220
8	2 575	1 365	2.879	1.124	1.472	0.414	1.133	2 220
9	2 721	1 442	3.201	1.249	1.636	0.459	1.260	2 210
10	2 750	1 458	3.254	1.270	1.664	0.467	1.281	2 200
11	3 550	1 882	5.916	2.309	3.025	0.849	2.329	2 400
12	3 300	1 749	5.070	1.978	2.592	0.728	1.996	2 380
13	3 600	1 908	6.211	2.424	3.175	0.892	2.445	2 450
14	3 800	2 014	7.061	2.755	3.610	1.014	2.780	2 500

（3）VTI 介质井间地震三分量数值模拟

由于采集的野外井间地震剖面的信噪比低,波场又非常复杂,很难识别和分离。为了识别波场,对野外的实际记录进行了模拟,从而对比分析和识别野外采集到的波场记录。

利用交错网格的高阶有限差分正演模拟了该观测系统的二维三分量的井间记录。图 3-58(a)、图 3-58(b) 和图 3-58(c) 分别是正演模拟得到的横向各向同性（即各向异性）介质的 X、Y、Z 三分量合成记录,模拟的结果与实际资料对比可以看出,模拟记录的形态和实际资料基本相同。经过对比分析,可知,图中 1 为 q^p 初至波,2 为快横波 q^{sh} 直达波,3 为慢横波 q^{sv} 直达波,4 为慢横波 q^{sv} 下行反射波,5 为慢横波 q^{sv} 上行反射波,6 为 SP 透射转换波,7 为 q^p 波下行反射波,8 为 q^p 波上行反射波,9 为 PS 下行反射转换波,10 为 PS 上行透射转换波,11 为快横波 q^{SH} 下行反射波,12 为快横波 q^{SH} 上行反射波。

通过模拟的资料来分析井间地震数据,从而认识井间地震记录的波场。由前面关于横向各向同性偏振方向和相速度的分析,结合图 3-58 可以识别出,实际资料偏振后 HP 分量上第一个能量很强的同相轴为 q^p 的初至波,HD 分量上能量很强的那个同相轴为快横波 q^{SH} 的直达波,在 Z 分量上中间道的那些能量很强的同相轴为慢横波 q^{SV} 直达波。另外,从记录上都可以看出,不管是快横波还是慢横波,其能量都很强,只是由于采集的因素,背景噪音很重,压制了实际资料中的快横波 q^{SH} 能量,从而使记录上慢横波 q^{SH} 能量较弱。在模拟的合成记录上快横波 q^{SH} 的能量并不弱,由于横波直达波的能量非常强,而导致纵波的反射信息和反射转换信息受到了压制,在实际记录和模拟的记录上都只能隐约看到纵波初至之外信息的影子。

各向同性介质模型已经不能满足井间地震高分辨率勘探的要求,为了对比各向异性与各向同性介质模型对井间地震记录造成的差异,采用同样的观测系统,在介质参数纵波速度和横波速度和密度不变条件下模拟了弹性介质模型的 X、Y、Z 三分量记录。图 3-59(a)、图 3-59(b) 和图 3-59(c) 是弹性介质条件模拟的各向同性井间地震记录的 X 分量、Y 分量和 Z 分量记录剖面。在这三张图中 1 为 q^p 初至波,2 为 q^{SH} 直达波,3 为 q^{SV} 直达波,4 为下行 q^{SV} 反射波,5 为上行 q^{SV} 反射波,6 为 SP 透射转换波,7 为下行 q^p 波反射波,8 为上行 q^p 波反射波,9 为 PS 下行反射转换波,10 为上行 PS 透射转换波,11 为快横波 q^{SH} 下行反射波,12 为快横波 q^{SH} 上行反射波,13 为上行 PS 反射转换波,14 为下行 PS 透射转换波。从图中可以看出,纵波初至比各向异性介质模拟的纵波初至时间长,初至线的陡度变缓,初至振幅值变大。且纵波初至同相轴在 X 分量上为正极性,在 Z 分量上,震源上方初至同相轴为正极性,震源处同相轴极性此处发生反转,震源下方同相轴变为负极性。另外,纵波的反射波和转换波能量比各向异性介质中的记录都明显增强,且震源深度处的初至波能量也很强。井间地震的波场因为横波能量很强,且与纵波的时间差也不是很大,严重压制和干扰了纵波上、下行波的识别和分离。为了认识井间地震的纵波波场,本项目特别模拟了相同观测系统,垂直纵波速度和密度不变条件下的声波介质的井间地震记录。图 3-60(a)、图 3-60(b) 分别是声波介质模拟的井间地震的 X 分量和 Z 分量记录。图中 1 为纵波初至波,7 为纵波下行反射波,8 为纵波上行反射波。因为少了纯横波及反射转换横波和透射转换横波的干扰,反射纵波非常清楚,能够为纵波波场的分离提供指导。

3.4.3 大庆油田杏 69 井区井间地震记录的正演模拟

(1)原始三分量资料分析与初步处理

2005 年在大庆油田杏 69 井区进行了井间地震试验。激发所用的震源为重锤,接收所用的检波器为 10 级三分量速度检波器,震源井和接收井之间的井距为 428 m,炮点深度为 1 280 m,检波点深度从 975 m 到 1 672.5 m,道间距 2.5 m,共 280 道,时间采样间隔 0.25 ms,每道记录长度 1 s(4 000 个采样点)。图 3-61(a)、图 3-61(b)、图 3-61(c) 分别是炮点深度 1 280 m 一个共炮点道集的 X 分量,Y 分量和 Z 分量的原始记录。其中,图 3-61(a) 和图 3-61(b) 所示两水平分量信噪比很低,只能看到纵波直达波的影子,垂直分量[图 3-61(c)]信噪比较高,可以清楚地看到初至纵波和直达横波。整个数据的观测是在没有停钻,没有关井,环境不安静的条件下测量的,或许这是引起信噪比低的重要原因。

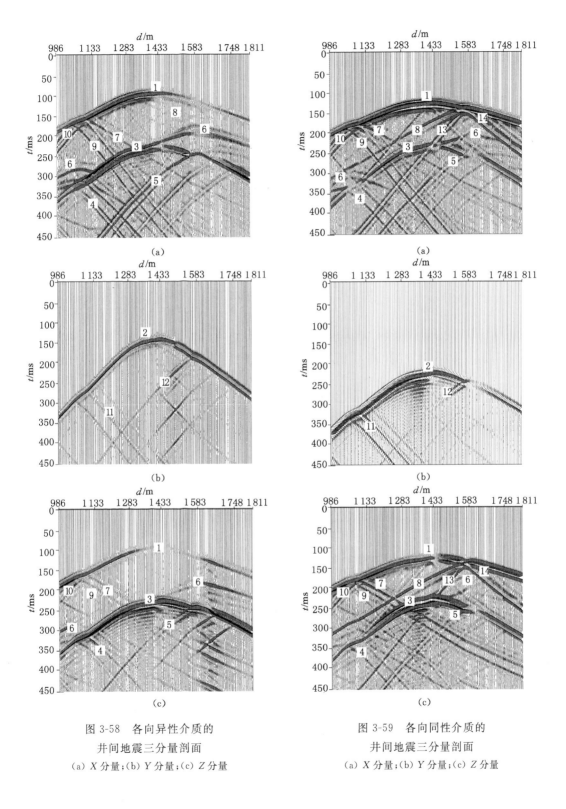

图 3-58 各向异性介质的
井间地震三分量剖面
(a) X 分量;(b) Y 分量;(c) Z 分量

图 3-59 各向同性介质的
井间地震三分量剖面
(a) X 分量;(b) Y 分量;(c) Z 分量

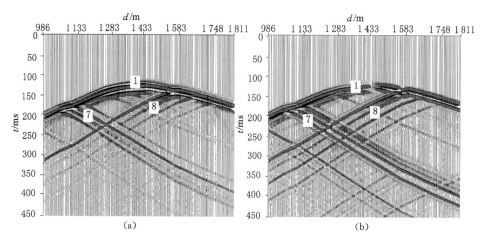

图 3-60　井间地震的声波记录

（a）X 分量记录；（b）Z 分量记录

1——P 初至波；7——P 下行反射波；8——P 上行反射波

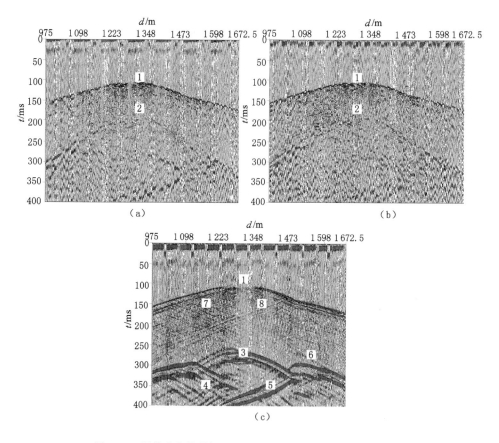

图 3-61　野外采集的井间地震共炮点道集 X、Y、Z 三分量剖面

（a）X 分量；（b）Y 分量；（c）Z 分量

1——准 P 波；2——快横波；3——慢横波；4——下行反射横波；5——上行反射横波；6——SP 透射转换波

　　为了识别井间地震三分量记录上复杂的波场,首先对 X 分量和 Y 分量两个水平分量记录做偏振合成,偏振合成的目的:一是消除检波器在提升过程中,围绕井轴在水平面内随机旋转引起的方位随机变化,将检波器坐标系校正到水平分量坐标方位不随深度变化的一致坐标系;二是使两水平分量偏振合成后,一个方向是初至直达 P 波能量投影最大的方向,该方向与过井剖面一致,另一个方向是初至直达 P 波能量投影最小的方向,该方向与过井剖面垂直。在横向各向同性介质存在快横波、慢横波和准 P 波的情况下,慢横波和准 P 波的水平分量集中在与过井剖面一致的平面内,标记该剖面为 HP 剖面(图 3-62)。快横波的能量应集中在与过井剖面相垂直的平面内,标记该剖面为 HD 剖面(图 3-63)。慢横波和准 P 波的垂直分量集中在 Z 分量剖面内,快横波在 Z 分量剖面上的投影为零。图 3-62、图 3-63虽然信噪比较低,但仍然清楚地说明了上述关系。因为图 3-63 中快横波能量比较集中,图 3-62 中慢横波和直达 P 波的能量比较集中,所以在水平分量偏振合成的基础上,比较容易识别快横波和慢横波波场的特征。

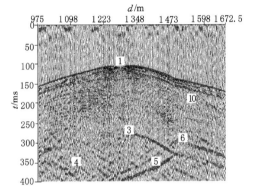

图 3-62　两水平分量偏振合成后的 HP 剖面

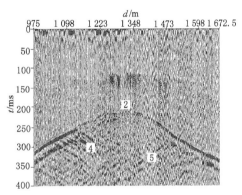

图 3-63　两水平分量偏振合成后的 HD 剖面

(2) 建立模型及波场数值模拟

　　为了识别野外井间三分量记录上的复杂波场,用 VTI 介质的交错网格高阶有限差分算法对井间三分量波场进行数值模拟。首先,根据声波、密度测井曲线(图 3-64)和野外地震记录某些点上拾取的波至时间 t_p、t_{sv}、t_{sh},求得模型参数 $v_p(0)$,$v_p(\pi/2)$,$v_{sv}(\pi/2)$,$v_{sh}(\pi/2)$,估算出各个深度层的弹性参数 C_{11},C_{33},C_{12},C_{44} 和 C_{66},从而建立各向异性介质模型,而后根据数值模拟稳定性的要求和防止出现假频的要求以及实际的激发井、接收井、激发点和接收点位置,划分网格($\Delta x=2.5$ m,$\Delta z=1.25$ m),确定计算步长($\Delta t=0.1$ ms),并根据野外记录的频带给出震源子波的主频。数值模拟得到的 X,Y 和 Z 分量的记录如图 3-65 所示,完整地反映出 VTI 介质中三种主要类型波,准 P 波 q^P、快横波 q^{SH} 和慢横波 q^{SV} 的相速度和偏振方向等波的传播特征。首先,从 X 和 Z 分量记录上可以识别出波至时间约 100 ms 的第一个强的初至波同相轴是准 P 波,波至时间约 258 ms 的能量更强的同相轴是慢横波,两者的偏振方向都在 XOZ 平面内。其次,从 Y 分量记录上可以识别出波至时间约 209 ms 的强同相轴是快横波,其偏振方向在 YOZ 平面内。对比图 3-62 HP 分量、图 3-63 HD 分量、图 3-61 Z 分量上这 3 个同相轴的波至时间,可以证明,波场数值模拟得到的波场特征是可信的。由波至时间和井间距离可以估算出快横波的最大(在震源处横向上的最大)相速度为2 044 m/s,慢横波的相速度为 1 647.5 m/s,两者的时差可达 49 ms,同时可以估算出横波速度的各向异性系数为 0.806。另外,Y 分量记录上只有直达快横波和直达快横波在分界面上引起的上行反射波和下行反射波。注意到 Y 分量剖面上没有慢横波和准 P 波的能量,所以 Y 分量波场相对比较简单,易于处理。

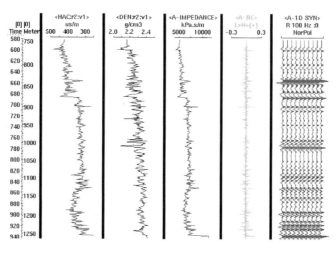

图 3-64　井间地震用于建模的测井曲线和合成记录

从图 3-65 数值模拟的三分量记录[图 3-65(a)、图 3-65(b)、图 3-65(c)]上,还可以识别出其他一些类型的波。这些波,在图中的编号分别是:1 为准 P 波,2 为快横波波至,3 为慢横波波至,4 为慢横波下行反射波,5 为慢横波上行反射波,6 为慢横波准 P 波透射转换波,7 为准 P 波下行反射波,8 为准 P 波上行反射波,9 为准 P 波慢横波上行反射转换波,10 为准 P 波慢横波下行透射转换波,11 为快横波下行反射波,12 为快横波上行反射波。

（3）各向异性介质的弹性波场与各向同性介质弹性波场的对比

为了进一步认识各向异性介质情况下的井间地震观测到的波场特征,采用同样的观测系统和同样的模型,用数值模拟方法重复计算了各向同性介质情况下三分量记录的波场（图 3-66）。从图 3-66(b)Y 分量记录上看到,这里的横波不是快横波,只是 SH 型偏振的横波,其传播速度与 X、Z 分量[图 3-66(a)、图 3-66(c)]上 SV 型偏振的横波的传播速度是一致的。除此之外,在 X、Z 分量记录上,直达 P 波在炮点深度的接收点上的波至时间明显地比各向异性介质中波的旅行时间长,前者是 140 ms,后者是 103 ms。波的传播速度与声波测井速度相比,前者基本上与声波测井速度相一致,而后者速度明显大于声波测井速度。这也说明,如果用各向同性介质的波至时间错误地代替各向异性介质的波至时间,为什么会得到错误的速度数据和错误的成像结果的原因。图 3-67 和图 3-68 分别是波前时间 140 ms,各向异性介质和各向同性介质 X、Y、Z 三分量的波场快照。各向异性介质 X、Z 分量上准 P 波和慢横波的波前都是椭圆形状,长轴在水平方向,Y 分量上快横波的波前也是椭圆形状,长轴在水平方向上。而各向同性介质 X、Y、Z 三个分量上,纵波和横波的波前形状大致都是圆形。综上所述,可以看出:① 纵波水平方向速度大于纵波垂直方向速度,相速度随波的传播方向而变化;② Y 分量上出现快横波且快横波速度大于慢横波速度,这是识别介质是否呈现 VTI 介质各向异性性质的两个主要标志。

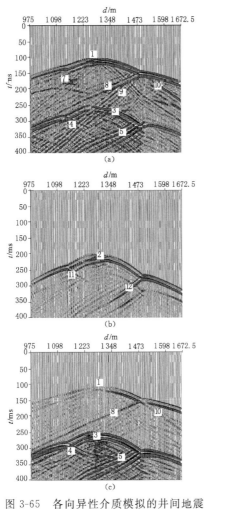

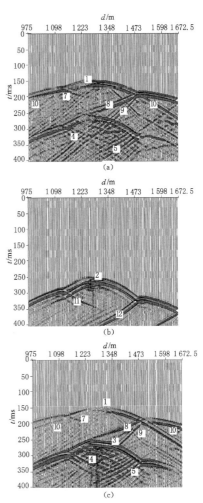

图 3-65 各向异性介质模拟的井间地震
共炮点道集三分量剖面

（a）X 分量；（b）Y 分量；（c）Z 分量

图 3-66 各向同性介质数值模拟的井间地震
共炮点道集三分量剖面

（a）X 分量；（b）Y 分量；（c）Z 分量

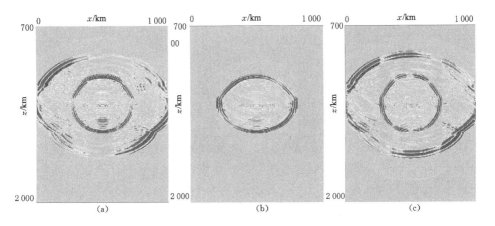

图 3-67 波前时间 140 ms 各向异性介质 X、Y、Z 三分量的波场快照

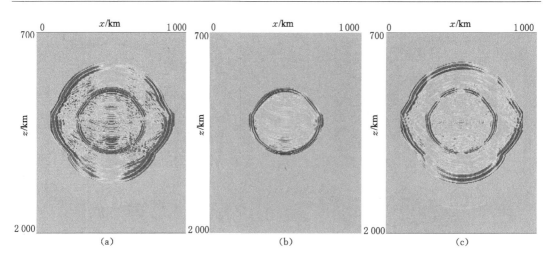

图 3-68　波前时间 140 ms 各向同性弹性介质 X、Y、Z 三分量的波场快照

3.5　时间—空间域交错网格黏弹性波动方程有限差分方法

3.5.1　黏弹性波动方程的高阶差分近似

非均匀各向同性黏弹性介质中,当介质形变很小时,可以把实际介质近似地看作 Voigt 黏弹性体,介质的应力、应变关系是线性的(傅承义等,1985),由此可进一步把介质看成连续线性体,其本构方程仍保持胡克定律形式,只是用 $\lambda+\lambda'$ 代替 λ,用 $\mu+\mu'$ 代替 μ,其中 λ 和 μ 是拉梅常数,λ' 和 μ' 是与介质黏滞性有关的两个参数。于是,二维黏弹性波方程可表示为如下的一阶速度—应力方程组[80]:

$$
\begin{cases}
\dfrac{\partial u}{\partial t} = \dfrac{1}{\rho}\left(\dfrac{\partial \sigma_{xx}}{\partial x} + \dfrac{\partial \sigma_{xz}}{\partial z}\right) + f_x \\[2mm]
\dfrac{\partial w}{\partial t} = \dfrac{1}{\rho}\left(\dfrac{\partial \sigma_{xz}}{\partial x} + \dfrac{\partial \sigma_{zz}}{\partial z}\right) + f_z \\[2mm]
\dfrac{\partial \sigma_{xx}}{\partial t} = (\lambda + 2\mu)\dfrac{\partial u}{\partial x} + \lambda\dfrac{\partial w}{\partial z} + (\lambda' + 2\mu')\dfrac{\partial^2 u}{\partial x \partial t} + \lambda'\dfrac{\partial^2 w}{\partial z \partial t} \\[2mm]
\dfrac{\partial \sigma_{zz}}{\partial t} = \lambda\dfrac{\partial u}{\partial x} + (\lambda + 2\mu)\dfrac{\partial w}{\partial z} + \lambda'\dfrac{\partial^2 u}{\partial x \partial t} + (\lambda' + 2\mu')\dfrac{\partial^2 w}{\partial z \partial t} \\[2mm]
\dfrac{\partial \sigma_{xz}}{\partial t} = \mu\left(\dfrac{\partial u}{\partial z} + \dfrac{\partial w}{\partial x}\right) + \mu'\left(\dfrac{\partial^2 u}{\partial z \partial t} + \dfrac{\partial^2 w}{\partial x \partial t}\right)
\end{cases}
\tag{3-69}
$$

其中,$\rho=\rho(x,z)$ 为介质的密度,$\sigma_{xx}=\tau_{xx}(x,z,t)$,$\sigma_{zz}=\tau_{zz}(x,z,t)$,$\sigma_{xz}=\tau_{xz}(x,z,t)$,是应力张量;$\lambda=\lambda(x,z)$,$\mu=\mu(x,z)$,是拉梅系数;$u=v_x(x,z,t)$,$w=v_z(x,z,t)$,是质点的速度向量;$\lambda'=\lambda'(x,z)$,$\mu'=\mu'(x,z)$,是描述介质黏弹性质的参数,称为黏滞系数,若取 $\lambda'=\mu'=0$,则上述方程就变为弹性波方程,$f_x=f_x(x,z,t)$,$f_z=f_z(x,z,t)$ 为 x,z 方向的震源力。

地震波方程的离散化必将涉及地震波场的数值逼近问题。地震波场的数值模拟精度一方面依赖于剖分网格的形状和大小,另一方面取决于离散波场的时间微分和空间微分的逼近误差。

（1）空间导数高阶精度有限差分近似

根据交错网格法，变量的导数是在相应变量网格点之间的半程上计算的，即利用网格点上变量值来计算网格点之间半程位置上的该变量的导数。设函数 $f(x)$ 连续，且具有 $2N+1$ 阶导数，利用 Taylor 公式，则函数 $f(x)$ 在 $x=x_0$ 的交错网格上一阶空间导数表示为：

$$\frac{\partial f(x_0)}{\partial x} = \frac{1}{\Delta x}\sum_{n=1}^{N}C_n^{(N)}\left\{f\left[x_0+\frac{\Delta x}{2}(2n-1)\right]-f\left[x_0-\frac{\Delta x}{2}(2n-1)\right]\right\}+O(\Delta x^{2N})$$

$$(3\text{-}70)$$

其中，Δx 为空间采样步长；$O(\Delta x^{2N})$ 为高阶无穷小量；$C_n^{(N)}$ 为权系数。待定系数 $C_n^{(N)}$ 的准确求取是确保一阶空间导数 $2N$ 阶差分精度的关键，将 $f\left[x_0+\frac{\Delta x}{2}(2n-1)\right]$ 和 $f\left[x_0-\frac{\Delta x}{2}(2n-1)\right]$ 在 x_0 处用 Taylor 公式展开后可以发现，通过下列方程组可以求得待定系数 $C_n^{(N)}$（董良国等，2000）：

$$\begin{bmatrix} 1 & 3 & 5 & \cdots & 2N-1 \\ 1^3 & 3^3 & 5^3 & \cdots & (2N-1)^3 \\ 1^5 & 3^5 & 5^5 & \cdots & (2N-1)^5 \\ \vdots & \vdots & \vdots & & \vdots \\ 1^{(2N-1)} & 3^{(2N-1)} & 5^{(2N-1)} & \cdots & (2N-1)^{(2N-1)} \end{bmatrix}\begin{bmatrix} C_1^{(N)} \\ C_2^{(N)} \\ C_3^{(N)} \\ \vdots \\ C_N^{(N)} \end{bmatrix} = \begin{bmatrix} 1 \\ 0 \\ 0 \\ \vdots \\ 0 \end{bmatrix}$$

$$(3\text{-}71)$$

下面列出几种不同空间差分精度的差分权系数，

当 $N=1$ 时，$C_1=1.000\ 000\ 000\ 000\ 00$；

当 $N=2$ 时，$C_1=1.125\ 000\ 000\ 000\ 00$，$C_2=-0.041\ 666\ 666\ 666\ 67$；

当 $N=3$ 时，$C_1=1.171\ 875\ 000\ 000\ 00$，$C_2=-0.065\ 104\ 166\ 666\ 67$，

$\qquad C_3=0.004\ 687\ 500\ 000\ 00$；

当 $N=4$ 时，$C_1=1.196\ 289\ 062\ 500\ 00$，$C_2=-0.079\ 752\ 604\ 166\ 67$，

$\qquad C_3=0.009\ 570\ 312\ 500\ 00$，$C_4=-0.000\ 697\ 544\ 642\ 86$；

当 $N=5$ 时，$C_1=1.211\ 242\ 675\ 781\ 25$，$C_2=-0.089\ 721\ 679\ 687\ 50$，

$\qquad C_3=0.013\ 842\ 773\ 437\ 50$，$C_4=-0.001\ 765\ 659\ 877\ 23$，

$\qquad C_5=0.000\ 118\ 679\ 470\ 49$。

本书采用 4 阶差分精度。

（2）时间导数高阶精度有限差分近似

在利用交错网格求解一阶速度—应力方程时，速度和应力分别是在 $t+\Delta t/2$ 和 t 时刻计算的，为了提高时间差分精度，得到 $2M$ 阶精度的时间差分近似，将 $v\left(t-\frac{\Delta t}{2}\right)$ 和 $v\left(t+\frac{\Delta t}{2}\right)$ 利用 Taylor 公式展开：

$$v\left(t+\frac{\Delta t}{2}\right) = v(t)+\frac{\Delta t}{2}\frac{\partial v(t)}{\partial t}+\frac{1}{2}\left(\frac{\Delta t}{2}\right)^2\frac{\partial^2 v(t)}{\partial t^2}+\cdots \tag{3-72}$$

$$v\left(t-\frac{\Delta t}{2}\right) = v(t)-\frac{\Delta t}{2}\frac{\partial v(t)}{\partial t}+\frac{1}{2}\left(\frac{\Delta t}{2}\right)^2\frac{\partial^2 v(t)}{\partial t^2}-\cdots \tag{3-73}$$

由式（3-72）和式（3-73）可得 $2M$ 阶精度的时间差分近似为：

$$v\left(t+\frac{\Delta t}{2}\right) = v\left(t-\frac{\Delta t}{2}\right) + 2\sum_{m=1}^{M} \frac{1}{(2m-1)!}\left(\frac{\Delta t}{2}\right)^{2m-1}\frac{\partial^{2m-1}}{\partial t^{2m-1}}v(t) + O(\Delta t^{2M}) \quad (3\text{-}74)$$

式中，Δt 为时间采样步长；$O(\Delta t^{2M})$ 为高阶无穷小量。

因此，可以利用式(3-74)得到速度和应力各个分量的 $2M$ 阶精度的时间差分近似。本次采用传统的二阶差分近似，即 $M=1$，得：

$$u\left(t+\frac{\Delta t}{2}\right) = u\left(t-\frac{\Delta t}{2}\right) + \frac{\Delta t}{\rho}\left(\frac{\partial \sigma_{xx}}{\partial x} + \frac{\partial \sigma_{xz}}{\partial z}\right) \quad (3\text{-}75a)$$

$$w\left(t+\frac{\Delta t}{2}\right) = w\left(t-\frac{\Delta t}{2}\right) + \frac{\Delta t}{\rho}\left(\frac{\partial \sigma_{xz}}{\partial x} + \frac{\partial \sigma_{zz}}{\partial z}\right) \quad (3\text{-}75b)$$

$$\sigma_{xx}(t+\Delta t) = \sigma_{xx}(t) + \Delta t\left[(\lambda+2\mu)\frac{\partial u}{\partial x} + \lambda\frac{\partial w}{\partial z} + (\lambda'+2\mu')\frac{\partial^2 u}{\partial x\partial t} + \lambda'\frac{\partial^2 w}{\partial z\partial t}\right]$$
$$(3\text{-}75c)$$

$$\sigma_{zz}(t+\Delta t) = \sigma_{zz}(t) + \Delta t\left[\lambda\frac{\partial u}{\partial x} + (\lambda+2\mu)\frac{\partial w}{\partial z} + \lambda'\frac{\partial^2 u}{\partial x\partial t} + (\lambda'+2\mu')\frac{\partial^2 w}{\partial z\partial t}\right]$$
$$(3\text{-}75d)$$

$$\sigma_{xz}(t+\Delta t) = \sigma_{xz}(t) + \Delta t\left[\mu\left(\frac{\partial u}{\partial z} + \frac{\partial w}{\partial x}\right) + \mu'\left(\frac{\partial^2 u}{\partial z\partial t} + \frac{\partial^2 w}{\partial x\partial t}\right)\right] \quad (3\text{-}75e)$$

（3）差分格式

对一阶速度—应力黏弹性波动方程采用 2 阶时间差分精度和 4 阶空间差分精度的差分格式，速度、应力变量在空间交错网格如图 3-74 所示。设 $U_{i,j}^{k+1/2}$、$W_{i+1/2,j+1/2}^{k+1/2}$、$R_{i+1/2,j}^{k}$、$T_{i+1/2,j}^{k}$、$H_{i,j+1/2}^{k}$ 分别表示速度 u、w 与应力 σ_{xx}、σ_{zz}、σ_{xz} 的离散值，而 $\tilde{U}_{i,j}^{k+1/2}$、$\tilde{W}_{i+1/2,j+1/2}^{k+1/2}$ 分别表示加速度 $\frac{\partial u}{\partial t}$、$\frac{\partial w}{\partial t}$ 的离散值，$\rho_{i,j}$、$M_{i,j}$、$L_{i,j}$、$M'_{i,j}$、$L'_{i,j}$ 分别表示密度 ρ、拉梅参数 μ、λ、黏弹性参数 μ'、λ' 的离散值。为了方便起见，假设 $\Delta x = \Delta z$，则方程式(3-76)的精度为 $O(\Delta t^2 + \Delta x^4)$ 的差分格式为：

$$\tilde{U}_{i,j}^{k+1/2} = \frac{1}{\rho_{i,j}\Delta x}\Big\{\sum_{n=1}^{2} C_n^{(2)}\big[R_{i+(2n-1)/2,j}^{k} - R_{i-(2n-1)/2,j}^{k} + H_{i,j+(2n-1)/2}^{k} - H_{i,j-(2n-1)/2}^{k}\big]\Big\} \quad (3\text{-}76a)$$

$$\tilde{W}_{i+1/2,j+1/2}^{k+1/2} = \frac{1}{\rho_{i+1/2,j+1/2}\Delta x}\Big\{\sum_{n=1}^{2} C_n^{(2)}\big[H_{i+n,j+1/2}^{k} - H_{i-n+1,j+1/2}^{k} + T_{i+1/2,j+n}^{k} - T_{i+1/2,j-n+1}^{k}\big]\Big\}$$
$$(3\text{-}76b)$$

$$U_{i,j}^{k+1/2} = U_{i,j}^{k-1/2} + \Delta t\tilde{U}_{i,j}^{k+1/2} \quad (3\text{-}76c)$$

$$V_{i+1/2,j+1/2}^{k+1/2} = V_{i+1/2,j+1/2}^{k-1/2} + \Delta t\tilde{V}_{i+1/2,j+1/2}^{k+1/2} \quad (3\text{-}76d)$$

$$R_{i+1/2,j}^{k+1} = R_{i+1/2,j}^{k} + \frac{(L+2M)_{i+1/2,j}\Delta t}{\Delta x} \cdot \sum_{n=1}^{2} C_n^{(2)}\big[U_{i+n,j}^{k+1/2} - U_{i-n+1,j}^{k+1/2}\big] +$$

$$\frac{L_{i+1/2,j}\Delta t}{\Delta x} \cdot \sum_{n=1}^{2} C_n^{(2)}\big[V_{i+1/2,j+(2n-1)/2}^{k+1/2} - V_{i+1/2,j-(2n-1)/2}^{k+1/2}\big] +$$

$$\frac{(L'+2M')_{i+1/2,j}\Delta t}{\Delta x} \cdot \sum_{n=1}^{2} C_n^{(2)}\big[\tilde{U}_{i+n,j}^{k+1/2} - \tilde{U}_{i-n+1,j}^{k+1/2}\big] +$$

$$\frac{L'_{i+1/2,j}\Delta t}{\Delta x} \cdot \sum_{n=1}^{2} C_n^{(2)}\big[\tilde{V}_{i+1/2,j+(2n-1)/2}^{k+1/2} - \tilde{V}_{i+1/2,j-(2n-1)/2}^{k+1/2}\big] \quad (3\text{-}76e)$$

$$T^{k+1}_{i+1/2,j} = T^k_{i+1/2,j} + \frac{L_{i+1/2,j}\Delta t}{\Delta x} \cdot \sum_{n=1}^{2} C_n^{(2)} \left[U^{k+1/2}_{i+n,j} - U^{k+1/2}_{i-n+1,j} \right] +$$

$$\frac{(L+2M)_{i+1/2,j}\Delta t}{\Delta x} \cdot \sum_{n=1}^{2} C_n^{(2)} \left[V^{k+1/2}_{i+1/2,j+(2n-1)/2} - V^{k+1/2}_{i+1/2,j-(2n-1)/2} \right] +$$

$$\frac{L'_{i+1/2,j}\Delta t}{\Delta x} \cdot \sum_{n=1}^{3} C_n^{(2)} \left[\widetilde{U}^{k+1/2}_{i+n,j} - \widetilde{U}^{k+1/2}_{i-n+1,j} \right] \tag{3-76f}$$

$$H^{k+1}_{i,j+1/2} = H^k_{i,j+1/2} + \frac{M_{i,j+1/2}\Delta t}{\Delta x} \cdot \sum_{n=1}^{2} C_n^{(2)} \left[U^{k+1/2}_{i,j+n} - U^{k+1/2}_{i,j-n+1} \right] +$$

$$\frac{M_{i,j+1/2}\Delta t}{\Delta x} \cdot \sum_{n=1}^{2} C_n^{(2)} \left[V^{k+1/2}_{i+(2n-1)/2,j+1/2} - V^{k+1/2}_{i-(2n-1)/2,j+1/2} \right] +$$

$$\frac{M'_{i,j+1/2}\Delta t}{\Delta x} \cdot \sum_{n=1}^{2} C_n^{(2)} \left[\widetilde{U}^{k+1/2}_{i,j+n} - \widetilde{U}^{k+1/2}_{i,j-n+1} \right] +$$

$$\frac{M'_{i,j+1/2}\Delta t}{\Delta x} \cdot \sum_{n=1}^{2} C_n^{(2)} \left[\widetilde{V}^{k+1/2}_{i+(2n-1)/2,j+1/2} - \widetilde{V}^{k+1/2}_{i-(2n-1)/2,j+1/2} \right] \tag{3-76g}$$

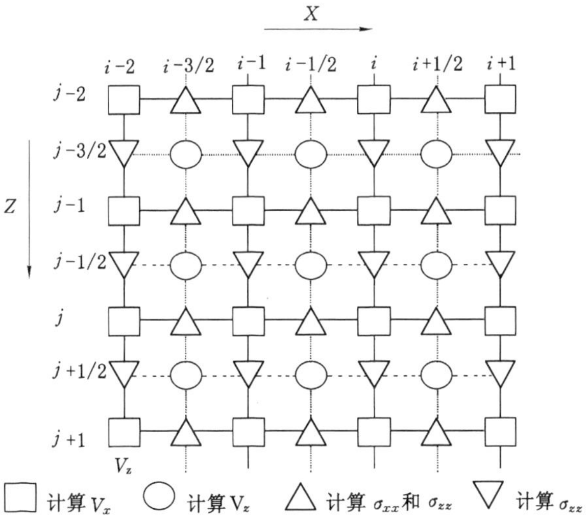

图 3-69　速度、应力变量在空间交错网格示意图[81]

（4）稳定性条件

在有限差分法中，对空间的导数是用数值微分算子来计算的，时间上的外推是用 Taylor 级数来近似的，所以不可避免地会产生误差，其主要表现在振幅和相位上。对于一个在无限均匀各向同性介质中传播的平面波来说，它的振幅有限，而且波的传播速度也与频率无关。但是在有限差分法模拟中，由于对时间和空间离散时参数的选择不当，波场的振幅可能会随着时间步长的增加而呈指数增长，这种情况下认为算法是不稳定的；如果波的传播速度与频率有关，则说明该算法产生了数值频散，数值频散实质上是一种因离散化求解波动方程而产生的伪波动，它是有限差分方法求解波动方程时所固有的本质特征，是不可避免的，因为对时间的离散化就意味着有散射的近似（J. M. Carcione,1995）[34]，但是可以通过选择适当的参数来满足计算的稳定性要求。许多学者对这个问题进行了研究并得出了许多结论[20,22,34]，如对于时间 2 阶空间 4 阶的有限差分法要求最小波长内应包含 5～8 个网格点，

即满足 $dx \leqslant \dfrac{v_{\min}}{2f_{\max}}$，时间步长可以根据稳定性条件及精度标准来选择，一般满足 $\Delta t \leqslant \dfrac{h}{\sqrt{3}\,v_{\max}}$。

（5）边界条件

边界条件包括自由表面边界条件、吸收边界条件、界面边界条件[83]，这些都是地震勘探和数值模拟中的非常重要问题。

① 自由表面边界条件——自由表面问题用于有限差分法的传统算法是假想地表以上有一条假想的网格线(图 3-70)(Kelly,et al.,1976)，且用单边差分近似法向导数，中心差分近似切向导数，这种简单的低阶方法的上限是 $V_p/V_s \leqslant 0.35$，其中 V_p、V_s 分别是 P 波和 S 波的速度。由于采用的是单边差分，所以这种方法的精度较低，对于 Poisson 比变化大的介质，使用交错网格有限差分法会得到较好的效果。在水平自由边界上应力分量必须满足：

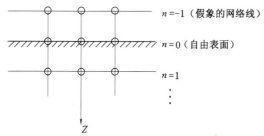

图 3-70　自由表面边界示意图

$$\begin{cases} \sigma_{xz} = 0 \\ \sigma_{zz} = 0 \end{cases} \tag{3-77}$$

利用镜像方法可以使应力满足自由的边界条件，得到相对精确而稳定的数值计算方法(Virieux,1986)。4 阶交错网格有限差分自由边界在空间域中(王秀明,2004)为：

$$\begin{cases} \sigma_{xz}(i,j) = 0 \\ \sigma_{xz}(i,j+1) = -\sigma_{xz}(i,j-1) \\ \sigma_{xz}(i,j+2) = -\sigma_{xz}(i,j-2) \\ \sigma_{zz}(i,j+1) = -\sigma_{zz}(i,j) \\ \sigma_{zz}(i,j+2) = -\sigma_{zz}(i,j-1) \end{cases} \tag{3-78}$$

② 人工边界条件——在对波动方程进行数值求解过程中，总是对一个有限的空间区域进行计算，这样就自然地引入了人为边界，从而会产生无实际意义的人为边界反射，严重地干扰对正常波场的认识。为此，已发展了多种方法来削弱人为边界反射，如傍轴近似法和阻尼衰减法(C.Cerjan,et al,1985)等。本研究采用 C.Cerjan(1985)提出的吸收边界，即在边界乘上一个缓慢衰减的权函数：

$$G(I) = e^{-[\alpha(M-I)]^2} \tag{3-79}$$

式中，M 为给定的吸收边界带宽度的节点数；I 为吸收边界内的节点号；α 为衰减系数，α 值的选定与 M 的大小密切相关，且对吸收效果的影响很大；一般取 $\alpha=0.015$，$M=20$。

（6）震源的选取

地震震源分为定向力震源、剪切震源和模拟地震震源等，设定向力矢量的分量是 $f_i=$

$a(x_i)h(t)\delta_{im}$,其中 a 是空间函数,$h(t)$ 是时间函数,即震源子波函数,δ 表示单位张量,m 是震源力方向。空间函数可用一个随震源点距离呈指数衰减的函数来表示,在二维情况下的表示形式为:

$$a(x,z) = \exp\{-\alpha\lceil(x-x_0)^2 + (z-z_0)^2\rceil\} \tag{3-80}$$

式中,(x_0,z_0) 为震源中心位置;$\alpha>0$ 为衰减系数,一般取 $0.1\sim0.5$。

震源子波函数可以用 Ricker 子波或正弦衰减子波等表示,本书中采用的是 Ricker 子波,形式如下:

$$h(t) = [1-2\pi^2 f_0^2 (t-t_0)^2]\exp[-\pi^2 f_0^2 (t-t_0)^2] \tag{3-81}$$

式中,f_0 为子波主频;t_0 为起始时刻。

3.5.2　黏弹性波动方程的高阶差分数值模拟

(1) VSP 记录的模拟

对模型 1 三层均匀介质模型,接触面为水平界面的三界面的地质模型进行有限差分法地震波形数值模拟实验,模型宽为 1 500 m,深为 1 500 m。比较完全弹性介质情况与黏弹性介质中地震波形的差异,在验证数值模拟实验准确性的同时,展示黏滞弹性介质中地震波传播的衰减、频散等特性。对模型体均采用 VSP 观测系统。观测系统采用地面(750,10)处激发,零偏 VSP 在 x 坐标为 750 m 处井中接收,见图 3-46,非零偏 VSP 在地面(500,10)处激发,在 x 坐标为 800 m 处井中接收,见图 3-47。井中检波器每 5 m 一个。激发源采用主频为 30 Hz 的雷克子波的爆炸震源,采样间隔为 0.5 ms。

表 3-4　　　　　　　　　　　三层均匀介质模型的物性参数表

	Vp/(m/s)	Vs/(m/s)	$\rho/(g/cm^3)$	Qp	Qs	厚度/m
第一层	2 500	1 500	2.4	100	60	500
第二层	3 000	1 800	2.7	150	90	500
第三层	4 000	2 400	3.0	200	150	500

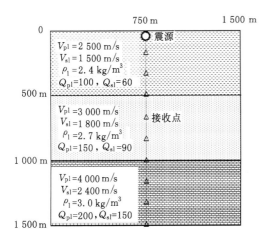

图 3-71　零偏 VSP 正演模型示意图

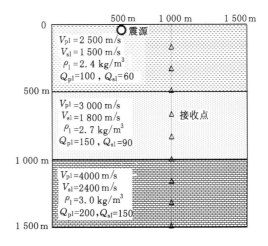

图 3-72　非零偏 VSP 正演模型示意图

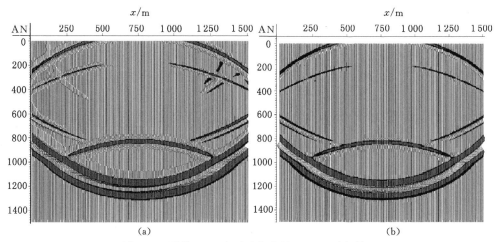

图 3-73　零偏 VSP 水平垂直分量 450 ms 波场快照

(a) 弹性介质；(b) 黏弹介质

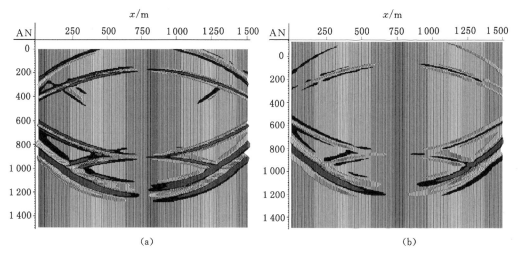

图 3-74　零偏 VSP 垂直水平分量 450 ms 波场快照

(a) 弹性介质；(b) 黏弹介质

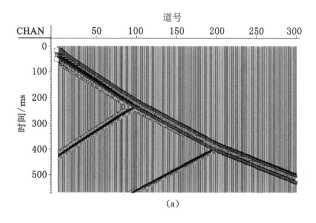

图 3-75　零偏 VSP 垂直分量原始记录

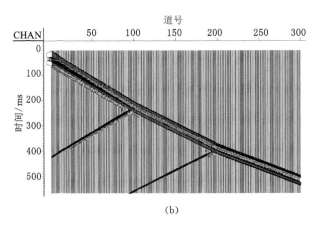

(b)

续图 3-75 零偏 VSP 垂直分量原始记录

（a）弹性介质；（b）黏弹介质

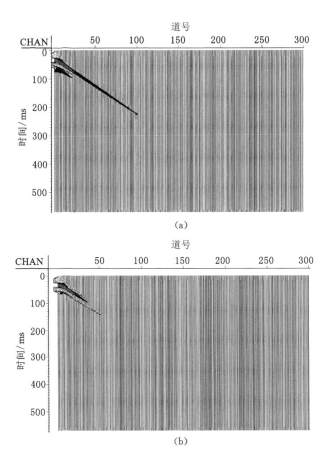

(a)

(b)

图 3-76 零偏 VSP 水平分量原始记录

（a）弹性介质；（b）黏弹介质

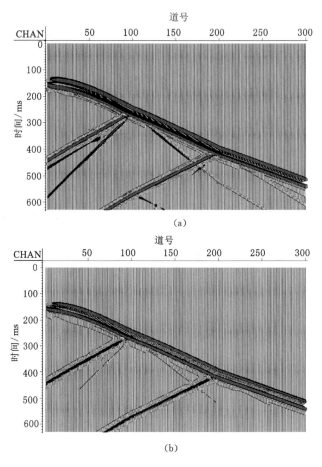

(a)

(b)

图 3-77 非零偏 VSP 垂直分量原始记录

（a）弹性介质；（b）黏弹介质

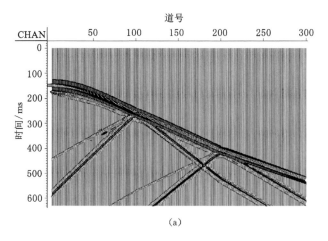

(a)

图 3-78 非零偏 VSP 水平分量原始记录

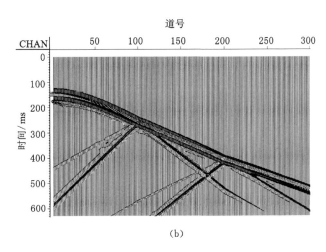

(b)

续图 3-78 非零偏 VSP 水平分量原始记录

（a）弹性介质；（b）黏弹介质

（2）井间地震记录的模拟

建立 14 层的水平层状模型，表 3-5 为该模型的的物性参数表，震源点坐标为（300，1 000），检波点坐标 $x=0$ m，$z=5$ m，道间距 $dx=0$ m，$dz=5$ m，共 360 道记录。图3-79和图3-80 为该模型参数的 x、z 分量记录。

表 3-5   模型 2 的物性参数表

	深度	V_p/(m/s)	V_s/(m/s)	ρ/(g/cm³)	Q_p	Q_s
第 1 层	535	2 450	990.7	2.15	80	40
第 2 层	655	2 750	1 040	2.2	90	45
第 3 层	710	3 400	1 380	2.32	100	50
第 4 层	745	2 650	1 060	2.25	110	55
第 5 层	860	2 500	1 029	2.18	120	60
第 6 层	920	2 560	1 107	2.21	130	65
第 7 层	970	2 600	1 125	2.22	140	70
第 8 层	1 010	2 575	1 170	2.22	150	75
第 9 层	1 075	2 720	1 180	2.21	160	80
第 10 层	1 165	2 750	1 190	2.2	170	85
第 11 层	1 200	3 550	1 620	2.4	180	90
第 12 层	1 265	3 300	1 520	2.38	190	95
第 13 层	1 345	3 600	1 220	2.45	200	100
第 14 层	1 800	3 800	1 200	2.5	300	150

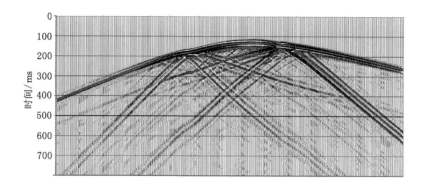

图 3-79　模拟的黏弹水平层状介质的地震记录的 x 分量

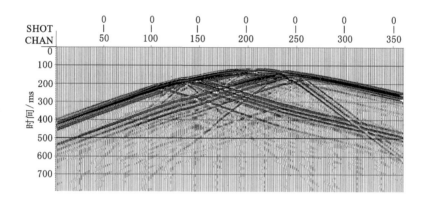

图 3-80　模拟的黏弹水平层状介质的地震记录的 z 分量

3.5.3　黏弹介质直达波衰减特征分析

对零偏 VSP 时距剖面中提取纵波直达波如图 3-81 所示。

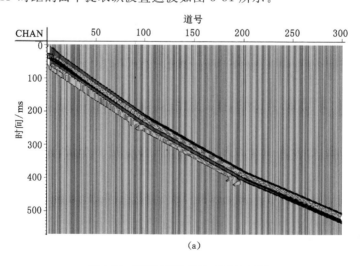

(a)

图 3-81　零偏 VSP 纵波直达波记录

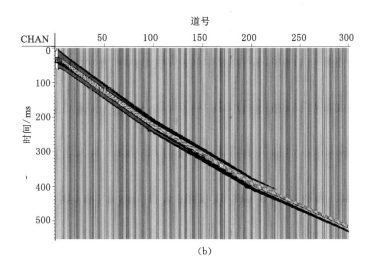

(b)

续图 3-81 零偏 VSP 纵波直达波记录

（a）弹性介质；（b）黏弹介质

（1）时域衰减特征分析

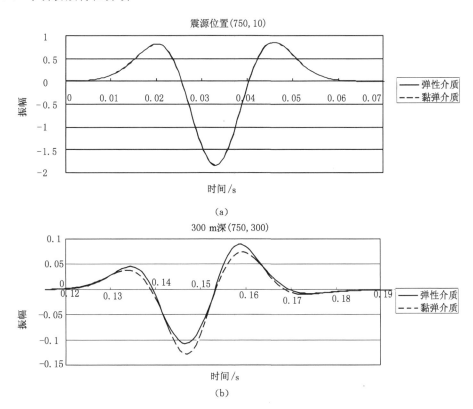

(a)

(b)

图 3-82 不同深度黏弹、弹性介质时域衰减特征曲线

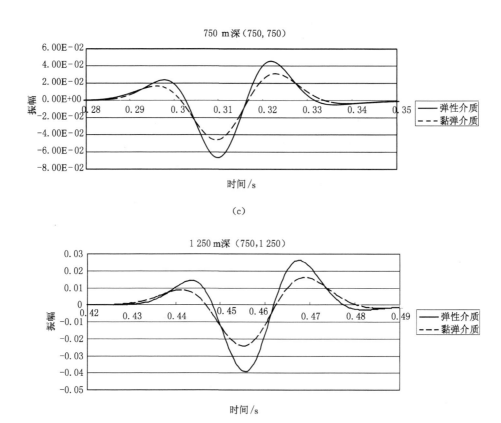

(c)

(d)

续图 3-82　不同深度黏弹、弹性介质时域衰减特征曲线

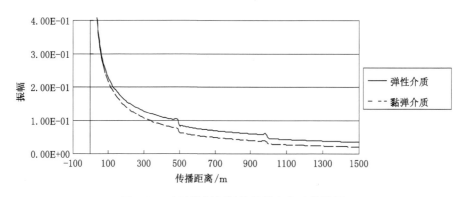

图 3-83　直达波振幅随传播距离衰减曲线图

从时域分析可以得到如下结论:相对于黏弹介质而言,随着传播距离的增大,黏弹介质子波振幅衰减更快,周期相应增大。

（2）频域衰减特征分析

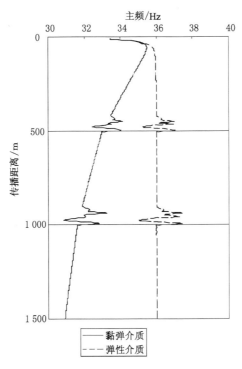

图 3-84　弹性、黏弹性介质主频衰减曲线图

从时域分析可以得到如下结论：相对于弹性介质而言，随着传播距离的增大，黏弹介质子波高频成分衰减明显，主频随着传播距离逐渐变低。

3.6　本章小结

在砂泥岩互层地区做井间地震观测，常常会遇到明显的地震波场的各向异性，在本项目给出的大庆某地井间地震观测的三分量数据中，各向异性系数可达 20%，这时必须用各向异性介质的模型来处理和解释井间地震观测的波场。

井间地震是研究各向异性的一个很有利的手段，而井间地震的直达快横波和直达慢横波是研究 VTI 介质各向异性一个非常有用的信息，正演模拟二维三分量的井间地震记录，比一般井间地震正演模拟多了一个 Y 分量的数据，在 Y 分量上只显示 SH 波的信息，波形简单，易于进行波场识别，可对比识别 X、Z 分量上的波场。在各向同性情况下，SH 波和 SV 波的时间值相等，而在各向异性情况下，SH 波是快横波，比 SV 旅行时小。据此不仅可以研究各向异性的垂向变化，还能研究各向异性的横向变化，又能帮助我们有效识别实际井间地震波场中的纵波、快横波和慢横波等各种波，能够有效指导波场的识别、分离和成像。

建模是做好数值模拟的关键，测井资料和零偏 VSP 资料可以帮助估计垂直方向即沿井轴方向的 P 波速度和密度；对野外观测的实际三分量资料作水平分量偏振处理，可帮助估计 P 波水平速度 $v_p(0)$，快横波速度 $v_{sh}(\pi/2)$ 和慢横波速度 $v_{sv}(\pi/2)$，从而估算弹性参数 C_{11}，C_{13}，C_{33}，C_{44}，C_{66}，估计各向异性的程度。

采用交错网格有限差分波动方程数值模拟方法具有较高的精度,可以真实地模拟声波、各向同性介质和横向各向同性介质中的地震波场,可以清晰地模拟地震波场中各种直达波、反射波、透射波及多次波的运动学和动力学特征。可以模拟高精度的井间地震资料,虽然波场复杂,但模拟的结果和实际采集的结果对应的比较好。

采用交错网格有限差分黏弹性波动方程模拟的记录可以模拟地震波在地下传播的过程中振幅衰减的情况,能够更切近于实际介质中地震波的传播及野外接收到的带有衰减的地震记录。

4　井间地震波场模拟的频率—空间域 25 点优化差分方法

时间域差分显式格式解法是按时间片递推计算的,其每一个时间片的舍入误差会累积到下一时间片中,如果时间片较多,最终可能导致累积误差太大而波场值太小,模拟结果精度降低,因此时间域有限差分解法必须满足一定的稳定性条件,而频率域计算方法是按频率片对空间网格进行整体求解方程组,其计算误差分配到了每一个网格点上,并且频率片计算是独立计算的,不存在累积误差。另外,对于黏弹性介质而言,频率—空间域正演模拟比时间—空间域更容易实现,而且在频率—空间域正演模拟时,其衰减系数可以是频率的函数,实现起来方便。另外,由于各个频率片之间是独立计算的,因此频率—空间域正演模拟特别适合于并行计算。因此为了满足高精度、高分辨率井间地震勘探的要求,将频率空间域正演模拟引入到井间地震波场的数值模拟中。为了更精确地研究井间地震波场中 P 波的特征,将 P 波从强横波干扰中分离出来,本章主要研究 VTI 介质准 P 波井间地震的数值模拟,为了使模拟结果更接近实际地下介质,在研究弹性准 P 波数值模拟的基础上,又研究了黏弹性 VTI 介质中准 P 波的正演模拟。

4.1　弹性 VTI 介质频率空间域准 P 波波动差分方程

由弹性理论可知,对于弹性体内一点的应力和应变都有 6 个独立分量,它们之间存在着单值的线性关系,称为广义胡克定律,又称为本构方程或物理方程,可写成如下形式:

$$
\begin{bmatrix} \sigma_{xx} \\ \sigma_{yy} \\ \sigma_{zz} \\ \tau_{yz} \\ \tau_{zx} \\ \tau_{xy} \end{bmatrix} = \begin{bmatrix} C_{11} & C_{12} & C_{13} & C_{14} & C_{15} & C_{16} \\ C_{21} & C_{22} & C_{23} & C_{24} & C_{25} & C_{26} \\ C_{31} & C_{32} & C_{33} & C_{34} & C_{35} & C_{36} \\ C_{41} & C_{42} & C_{43} & C_{44} & C_{45} & C_{46} \\ C_{51} & C_{52} & C_{53} & C_{54} & C_{55} & C_{56} \\ C_{61} & C_{62} & C_{63} & C_{64} & C_{65} & C_{66} \end{bmatrix} \cdot \begin{bmatrix} e_{xx} \\ e_{yy} \\ e_{zz} \\ e_{yz} \\ e_{zx} \\ e_{xy} \end{bmatrix} \tag{4-1}
$$

由应力表示的弹性介质运动平衡微分方程式,又称纳维尔(Navier)方程,描述的是位移、应力与体力之间的关系,可写为:

$$
\begin{cases} \dfrac{\partial \sigma_{xx}}{\partial x} + \dfrac{\partial \tau_{xy}}{\partial y} + \dfrac{\partial \tau_{xz}}{\partial z} + \rho f_x = \rho \dfrac{\partial^2 u}{\partial t^2} \\[3mm] \dfrac{\partial \tau_{yx}}{\partial x} + \dfrac{\partial \sigma_{yy}}{\partial y} + \dfrac{\partial \tau_{yz}}{\partial z} + \rho f_y = \rho \dfrac{\partial^2 v}{\partial t^2} \\[3mm] \dfrac{\partial \tau_{zx}}{\partial x} + \dfrac{\partial \tau_{zy}}{\partial y} + \dfrac{\partial \sigma_{zz}}{\partial z} + \rho f_z = \rho \dfrac{\partial^2 w}{\partial t^2} \end{cases} \tag{4-2}
$$

在弹性力学中,几何方程又称柯西(Cauchy)方程,表示弹性体在外力作用下体内各点的应变$(e_{i,j})$与位移(u,v,w)之间关系,其表达式为:

$$\begin{cases} e_{xx} = \dfrac{\partial u}{\partial x} \\[2mm] e_{xy} = \dfrac{\partial v}{\partial x} + \dfrac{\partial u}{\partial y} \\[2mm] e_{yy} = \dfrac{\partial v}{\partial y} \\[2mm] e_{yz} = \dfrac{\partial w}{\partial y} + \dfrac{\partial v}{\partial z} \\[2mm] e_{zz} = \dfrac{\partial w}{\partial z} \\[2mm] e_{zx} = \dfrac{\partial u}{\partial z} + \dfrac{\partial w}{\partial x} \end{cases} \qquad (4\text{-}3)$$

在横向各向同性介质中式(4-1)式可写成[84]：

$$\begin{bmatrix} \sigma_{xx} \\ \sigma_{yy} \\ \sigma_{zz} \\ \tau_{yz} \\ \tau_{zx} \\ \tau_{xy} \end{bmatrix} = \begin{bmatrix} C_{11} & C_{12} & C_{13} & 0 & 0 & 0 \\ C_{21} & C_{22} & C_{23} & 0 & 0 & 0 \\ C_{31} & C_{32} & C_{33} & 0 & 0 & 0 \\ 0 & 0 & 0 & C_{44} & 0 & 0 \\ 0 & 0 & 0 & 0 & C_{55} & 0 \\ 0 & 0 & 0 & 0 & 0 & C_{66} \end{bmatrix} \cdot \begin{bmatrix} e_{xx} \\ e_{yy} \\ e_{zz} \\ e_{yz} \\ e_{zx} \\ e_{xy} \end{bmatrix} \qquad (4\text{-}4)$$

式中，$C_{11} = C_{22}$，$C_{12} = C_{21}$，$C_{13} = C_{31}$，$C_{23} = C_{32}$，$C_{44} = C_{55}$，$C_{66} = \dfrac{1}{2}(C_{11} - C_{12})$，式中有 5 个独立的弹性系数。将几何方程式(4-3)代入式(4-4)并整理得：

$$\begin{cases} \sigma_{xx} = C_{11}\dfrac{\partial u_x}{\partial x} + C_{12}\dfrac{\partial u_y}{\partial y} + C_{13}\dfrac{\partial u_z}{\partial z} \\[2mm] \sigma_{yy} = C_{21}\dfrac{\partial u_x}{\partial x} + C_{22}\dfrac{\partial u_y}{\partial y} + C_{23}\dfrac{\partial u_z}{\partial z} \\[2mm] \sigma_{zz} = C_{31}\dfrac{\partial u_x}{\partial x} + C_{32}\dfrac{\partial u_y}{\partial y} + C_{33}\dfrac{\partial u_z}{\partial z} \\[2mm] \tau_{yz} = C_{44}\left(\dfrac{\partial u_z}{\partial y} + \dfrac{\partial u_y}{\partial z}\right) \\[2mm] \tau_{zx} = C_{55}\left(\dfrac{\partial u_x}{\partial z} + \dfrac{\partial u_z}{\partial x}\right) \\[2mm] \tau_{xy} = C_{66}\left(\dfrac{\partial u_y}{\partial x} + \dfrac{\partial u_x}{\partial y}\right) \end{cases} \qquad (4\text{-}5)$$

将式(4-5)代入式(4-2)并整理得 VTI 介质中的弹性波波动方程：

$$\begin{cases} C_{11}\dfrac{\partial^2 u_x}{\partial x^2} + C_{66}\dfrac{\partial^2 u_x}{\partial y^2} + C_{55}\dfrac{\partial^2 u_x}{\partial z^2} + (C_{12}+C_{66})\dfrac{\partial^2 u_y}{\partial x \partial y} + (C_{13}+C_{55})\dfrac{\partial^2 u_z}{\partial x \partial z} + \rho f_x = \rho\dfrac{\partial^2 u_x}{\partial t^2} \\[3mm] C_{66}\dfrac{\partial^2 u_y}{\partial x^2} + C_{22}\dfrac{\partial^2 u_y}{\partial y^2} + C_{44}\dfrac{\partial^2 u_y}{\partial z^2} + (C_{21}+C_{66})\dfrac{\partial^2 u_x}{\partial x \partial y} + (C_{23}+C_{44})\dfrac{\partial^2 u_z}{\partial y \partial z} + \rho f_y = \rho\dfrac{\partial^2 u_y}{\partial t^2} \\[3mm] C_{55}\dfrac{\partial^2 u_z}{\partial x^2} + C_{44}\dfrac{\partial^2 u_z}{\partial y^2} + C_{33}\dfrac{\partial^2 u_z}{\partial z^2} + (C_{31}+C_{55})\dfrac{\partial^2 u_x}{\partial x \partial z} + (C_{32}+C_{44})\dfrac{\partial^2 u_y}{\partial y \partial z} + \rho f_z = \rho\dfrac{\partial^2 u_z}{\partial t^2} \end{cases}$$

$$(4\text{-}6)$$

由平面波方程 $U = A \mathrm{e}^{i(k_x x + k_y y + k_z z - \omega t)}$ [85]，则有：

$$\begin{cases} \dfrac{\partial^2 u_x}{\partial x^2} = -k_x^2 A_x, & \dfrac{\partial^2 u_y}{\partial x^2} = -k_x^2 A_y, & \dfrac{\partial^2 u_z}{\partial x^2} = -k_x^2 A_z \\[2mm] \dfrac{\partial^2 u_x}{\partial y^2} = -k_y^2 A_x, & \dfrac{\partial^2 u_y}{\partial y^2} = -k_y^2 A_y, & \dfrac{\partial^2 u_z}{\partial y^2} = -k_y^2 A_z \\[2mm] \dfrac{\partial^2 u_x}{\partial z^2} = -k_z^2 A_x, & \dfrac{\partial^2 u_y}{\partial z^2} = -k_z^2 A_y, & \dfrac{\partial^2 u_z}{\partial z^2} = -k_z^2 A_z, & \dfrac{\partial^2 u_x}{\partial t^2} = -\omega^2 A_x \\[2mm] \dfrac{\partial^2 u_y}{\partial x \partial y} = -k_x k_y A_y, & \dfrac{\partial^2 u_x}{\partial x \partial y} = -k_x k_y A_x, & \dfrac{\partial^2 u_x}{\partial x \partial z} = -k_x k_z A_x, & \dfrac{\partial^2 u_y}{\partial t^2} = -\omega^2 A_y \\[2mm] \dfrac{\partial^2 u_z}{\partial x \partial z} = -k_x k_z A_z, & \dfrac{\partial^2 u_z}{\partial y \partial z} = -k_y k_z A_z, & \dfrac{\partial^2 u_y}{\partial y \partial z} = -k_y k_z A_y, & \dfrac{\partial^2 u_z}{\partial t^2} = -\omega^2 A_z \end{cases} \quad (4\text{-}7)$$

代入 VTI 介质的弹性波波动方程式（4-6）中，并忽略体力项，可得如下的 Kelvin-Christoffel 方程：

$$\begin{cases} (C_{11}k_x^2 + C_{66}k_y^2 + C_{55}k_z^2 - \rho\omega^2)A_x + (C_{11} + C_{66})k_x k_y A_y + (C_{13} + C_{55})k_x k_z A_z = 0 \\ (C_{12} + C_{66})k_x k_y A_x + (C_{66}k_x^2 + C_{22}k_y^2 + C_{44}k_z^2 - \rho\omega^2)A_y + (C_{23} + C_{44})k_y k_z A_z = 0 \\ (C_{13} + C_{55})k_x k_z A_x + (C_{23} + C_{44})k_y k_z A_y + (C_{55}k_x^2 + C_{44}k_y^2 + C_{33}k_z^2 - \rho\omega^2)A_z = 0 \end{cases}$$

即

$$\begin{bmatrix} \Gamma_{11} - \rho\omega^2 & \Gamma_{12} & \Gamma_{13} \\ \Gamma_{12} & \Gamma_{22} - \rho\omega^2 & \Gamma_{23} \\ \Gamma_{13} & \Gamma_{23} & \Gamma_{33} - \rho\omega^2 \end{bmatrix} \begin{bmatrix} A_x \\ A_y \\ A_z \end{bmatrix} = 0 \quad (4\text{-}8)$$

式（4-8）中的元素为弹性参数的函数，即

$$\begin{cases} \Gamma_{11} = C_{11}k_x^2 + C_{66}k_y^2 + C_{55}k_z^2 \\ \Gamma_{12} = (C_{12} + C_{66})k_x k_y \\ \Gamma_{13} = (C_{13} + C_{55})k_x k_z \\ \Gamma_{22} = C_{66}k_x^2 + C_{22}k_y^2 + C_{44}k_z^2 \\ \Gamma_{23} = (C_{23} + C_{44})k_y k_z \\ \Gamma_{33} = C_{55}k_x^2 + C_{44}k_y^2 + C_{33}k_z^2 \end{cases} \quad (4\text{-}9)$$

从式（4-8）可以看出，这是典型的求解特征值和特征向量问题。要想使式（4-8）有非零解，必须使该式的系数矩阵的行列式为零，即：

$$\det \boldsymbol{\Gamma} = \begin{vmatrix} \Gamma_{11} - \rho\omega^2 & \Gamma_{12} & \Gamma_{13} \\ \Gamma_{12} & \Gamma_{22} - \rho\omega^2 & \Gamma_{23} \\ \Gamma_{13} & \Gamma_{23} & \Gamma_{33} - \rho\omega^2 \end{vmatrix} = (\Gamma_{11} - \rho\omega^2)(\Gamma_{22} - \rho\omega^2)(\Gamma_{33} - \rho\omega^2) +$$

$$2\Gamma_{12}\Gamma_{23}\Gamma_{13} - (\Gamma_{11} - \rho\omega^2)\Gamma_{23}^2 - (\Gamma_{22} - \rho\omega^2)\Gamma_{13}^2 - (\Gamma_{33} - \rho\omega^2)\Gamma_{12}^2 = 0 \quad (4\text{-}10)$$

通过求解方程式（4-10），可获得 VTI 介质纵横波耦合的频散关系方程。由此频散关系方程可以求得沿某一方向传播的 P 波、SV 波、SH 波的相速度和传播方向，且其相速度和偏振方向都是传播方向的函数，因此在 VTI 介质中只有特定方向上才有纯 P 波、SV 波、SH 波，其余极化方向与传播方向既不平行也不垂直时，称为准 P 波、准 SV 波、准 SH 波。

上述方程中的系数是用弹性系数 C 确定的，弹性系数 C 确定了应力与应变间的关系，其物理意义在实际工作中很不直观，使用起来也不方便。为方便理论研究和实际应用，围绕

波传播的相速度公式,展现公式的物理意义,Thomsen(1986)提出了一套表征 TI 介质弹性性质的参数,其物理意义明确,现已被广泛使用。TI 介质的 Thomsen 参数包括 V_{p_0},V_{s_0},ε,γ 和 δ 等 5 个量。对于 VTI 介质,Thomsen 参数与弹性参数有如下关系:

$$\begin{cases} V_{p_0} = \sqrt{\dfrac{C_{33}}{\rho}} \\[2mm] V_{s_0} = \sqrt{\dfrac{C_{55}}{\rho}} \\[2mm] \varepsilon = \dfrac{C_{11} - C_{33}}{2C_{33}} \\[2mm] \gamma = \dfrac{C_{66} - C_{44}}{2C_{44}} \\[2mm] \delta = \dfrac{(C_{13} + C_{44})^2 - (C_{33} - C_{44})^2}{2C_{33}(C_{33} - C_{44})} \end{cases} \tag{4-11}$$

式中,ρ 为介质的密度;V_{p_0}、V_{s_0} 分别为准 P 波和准 S 波垂直 TI 介质各向同性面的相速度;ε,δ,γ 为 TI 介质各向异性强度的三个无量纲因子,其中 ε 为度量准 P 波各向异性强度的参数,ε 越大,介质的各向异性越强,$\varepsilon=0$,纵波无各向异性;δ 为影响垂直 TI 介质对称轴方向附近的准 P 波速度大小的参数;γ 为度量准 S 波各向异性强度(或横波分裂强度)的参数,γ 越大,介质的横波各向异性越大,$\gamma=0$ 时,横波无各向异性。在弱各向异性条件下,δ 是近垂直传播 qP 波各向异性的决定量。ε,γ 有下面的近似表达式:

$$\begin{cases} \varepsilon \approx \dfrac{V_P(\pi/2) - \alpha_0}{\alpha_0} \\[2mm] \gamma \approx \dfrac{V_{SH}(\pi/2) - \beta_0}{\beta_0} \end{cases} \tag{4-12}$$

式中,$V_p(\pi/2)$,$V_{sh}(\pi/2)$ 为 qP 波和 qSH 波的水平速度。

可以看出,ε,γ 近似为通常所说的 qP 波各向异性和 qSH 波各向异性的大小。

利用弹性参数与 Thomsen 参数的关系,VTI 介质弹性参数也可用 Thomsen 参数表征如下,即:

$$\begin{cases} C_{11} = C_{22} = \rho(1 + 2\varepsilon)V_{p_0}^2 \\[2mm] C_{33} = \rho V_{p_0}^2 \\[2mm] C_{44} = C_{55} = \rho V_{s_0}^2 \\[2mm] C_{66} = \rho(1 + 2\gamma)V_{s_0}^2 \\[2mm] C_{12} = \rho\big[(1 + 2\varepsilon)V_{p_0}^2 - 2(1 + 2\gamma)V_{s_0}^2\big] \\[2mm] C_{13} = C_{23} = \rho\sqrt{(V_{p_0}^2 - V_{s_0}^2)\big[(1 + 2\delta)V_{p_0}^2 - V_{s_0}^2\big]} - \rho V_{s_0}^2 \end{cases} \tag{4-13}$$

为了消除记录中强横波对纵波的干扰,根据 Alkhalifah 声波假设思想,假设横波速度为零,即 $V_{s_0}=0$,则用 Thomsen 参数表征的式(4-9)变为:

$$\begin{cases} \varGamma_{11} = \rho V_{p_0}^2 (1+2\varepsilon) k_x^2 \\ \varGamma_{12} = \rho V_{p_0}^2 (1+2\varepsilon) k_x k_y \\ \varGamma_{13} = \rho V_{p_0}^2 \sqrt{1+2\delta} k_z k_x \\ \varGamma_{22} = \rho V_{p_0}^2 (1+2\varepsilon) k_y^2 \\ \varGamma_{23} = \rho V_{p_0}^2 \sqrt{1+2\delta} k_y k_z \\ \varGamma_{33} = \rho V_{p_0}^2 k_z^2 \end{cases} \tag{4-14}$$

将式(4-14)代入式(4-10)并整理得准 P 波的频散方程:

$$\omega^4 = \omega^2 \left[V_{p_0}^2 (1+2\varepsilon) k_x^2 + V_{p_0}^2 (1+2\varepsilon) k_y^2 + V_{p_0}^2 k_z^2 \right] - 2(\varepsilon - \delta) V_{p_0}^4 k_y^2 k_z^2 - 2(\varepsilon - \delta) V_{p_0}^4 k_z^2 k_x^2 \tag{4-15}$$

两边乘以准 P 波的傅立叶变换 $P(k_x, k_y, k_z, \omega)$,同时对方程两边进行关于 k_x, k_y, k_z 和 ω 的反傅立叶变换,得到 VTI 介质的时间—空间域准 P 波波动方程:

$$\frac{\partial^4 p}{\partial t^4} = \frac{\partial^2 p}{\partial t^2} \left[V_{p_0}^2 (1+2\varepsilon) \frac{\partial^2 p}{\partial x^2} + V_{p_0}^2 (1+2\varepsilon) \frac{\partial^2 p}{\partial y^2} + V_{p_0}^2 \frac{\partial^2 p}{\partial z^2} \right] -$$

$$2(\varepsilon - \delta) V_{p_0}^4 \frac{\partial^4 p}{\partial y^2 \partial z^2} - 2(\varepsilon - \delta) V_{p_0}^4 \frac{\partial^4 p}{\partial z^2 \partial x^2} \tag{4-16}$$

式(4-16)比弱各向异性更准确地描述了准 P 波在 VTI 介质中的传播规律,该方程只是描述了纵波,其形式简洁,实用高效,没有横波的干扰。

为了推导方便,引入参数 $\chi_1 = 1 + 2\varepsilon$,$\eta = 2(\varepsilon - \delta)$,式(4-16)简化为:

$$\frac{\partial^4 p}{\partial t^4} = \frac{\partial^2 p}{\partial t^2} \left[\chi V_{p_0}^2 \frac{\partial^2 p}{\partial x^2} + \chi V_{p_0}^2 \frac{\partial^2 p}{\partial y^2} + V_{p_0}^2 \frac{\partial^2 p}{\partial z^2} \right] - 2\eta V_{p_0}^4 \frac{\partial^4 p}{\partial y^2 \partial z^2} - 2\eta V_{p_0}^4 \frac{\partial^4 p}{\partial z^2 \partial x^2} \tag{4-17}$$

该方程是三维介质准 P 波在时间—空间域波动方程,在二维情况下,上式可变为:

$$\frac{\partial^4 p}{\partial t^4} = \chi V_{p_0}^2 \frac{\partial^4 p}{\partial x^2 \partial t^2} + V_{p_0}^2 \frac{\partial^4 p}{\partial z^2 \partial t^2} - 2\eta V_{p_0}^4 \frac{\partial^4 p}{\partial z^2 \partial x^2} \tag{4-18}$$

对方程作傅立叶变换,将时间—空间域 $p(z, x, t)$ 变换到频率—空间域 $F(z, x, \omega)$,可得二维 VTI 介质中准 P 波的频率—空间域波动方程[73]:

$$\chi V_{p_0}^2 \omega^2 \frac{\partial^2 F}{\partial x^2} + V_{p_0}^2 \omega^2 \frac{\partial^2 F}{\partial z^2} + 2\eta V_{p_0}^4 \frac{\partial^4 F}{\partial z^2 \partial x^2} + \omega^4 F = 0 \tag{4-19}$$

针对 VTI 介质频率域准 P 波波动方程式(4-19)的有限差分解用 25 点差分算子加权平均,充分利用 25 点的信息有利于提高正演模拟的精度,抑制数值频散,其中差分系数又称为 25 点优化差分算子,用高斯—牛顿优化方法进行求取。

图 4-1(a)说明代替 $\partial^2 F/\partial x^2$ 的优化差分算子模型。每一行用 5 个网格点来构成两个二阶中心差分算子,其中一个差分算子是用每一行的第 1,3,5 项(图中画圈的项),其间距为 $2\Delta x$,另一个是用每一行的第 2,3,4 项(图中画点的项),其间距为 Δx。每一行的这两个差分算子用加权系数 c(画点的)和 d(画圈的)来平均,作为这一行的差分算子,这样 5 行各有一个差分算子,再用加权系数 b_1, b_2, b_3 将其加权平均。假设第 3 行的加权系数为 b_1,第 2 行和第 4 行有相同的加权系数 b_2,第 1 行和第 5 行有相同的加权系数 b_3,这样就构成了 25 个网格点关于 $\partial^2 F/\partial x^2$ 近似的优化差分算子。图 4-1(b)说明代替 $\partial^2 F/\partial z^2$ 的优化差分算子模型,同理可计算关于 $\partial^2 F/\partial z^2$ 的优化差分算子。将 25 点差分算子引入到 $\partial^4 F/\partial x^2 \partial z^2$ 的差分

中,构造了两个差分算子,每个差分算子都是 9 项构成的四阶混合差分算子,一个间隔是 Δx 和 Δz(画点的),另一个是间隔是 $2\Delta x$ 和 $2\Delta z$(画圈的),再将这两个差分算子用加权系数 e(画点的)和 f(画圈的)来加权平均,其加权系数排列如图 4-1(c)所示,这样就构造了 25 点关于 $\partial^4 F/\partial x^2\partial z^2$ 的近似优化差分算子。对于 $\omega^4 F$ 项中的波场值,把 25 个网格点内的波场值用加权系数 a_1,a_2,a_3,a_4,a_5,a_6 加权平均后的值作为放置点 $F_{i,j}$ 的波场值,并假设与放置点距离相同处网格点的加权系数相同,加权系数排列如图 4-1(d)所示。其 25 点优化差分算子如下[88]:

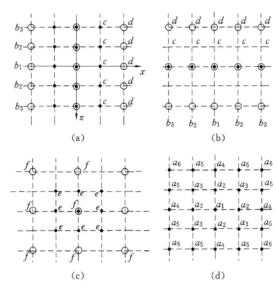

图 4-1　用于 25 点差分计算的网格点分布

(a) $\partial^2 F/\partial x^2$;(b) $\partial^2 F/\partial z^2$;(c) $\partial^2 F/\partial x^2\partial z^2$;(d) $F_{i,j}$

$$
\frac{\partial^2 F}{\partial x^2} \approx \frac{b_1}{\Delta x^2}\big[c(F_{i,j+1} - 2F_{i,j} + F_{i,j-1}) + \frac{d}{4}(F_{i,j+2} - 2F_{i,j} + F_{i,j-2})\big] +
$$

$$
\frac{b_2}{\Delta x^2}\big[c(F_{i+1,j+1} - 2F_{i+1,j} + F_{i+1,j-1}) + \frac{d}{4}(F_{i+1,j+2} - 2F_{i+1,j} + F_{i+1,j-2})\big] +
$$

$$
\frac{b_2}{\Delta x^2}\big[c(F_{i-1,j+1} - 2F_{i-1,j} + F_{i-1,j-1}) + \frac{d}{4}(F_{i-1,j+2} - 2F_{i-1,j} + F_{i-1,j-2})\big] +
$$

$$
\frac{b_3}{\Delta x^2}\big[c(F_{i+2,j+1} - 2F_{i+2,j} + F_{i+2,j-1}) + \frac{d}{4}(F_{i+2,j+2} - 2F_{i+2,j} + F_{i+2,j-2})\big] +
$$

$$
\frac{b_3}{\Delta x^2}\big[c(F_{i-2,j+1} - 2F_{i-2,j} + F_{i-2,j-1}) + \frac{d}{4}(F_{i-2,j+2} - 2F_{i-2,j} + F_{i-2,j-2})\big] \tag{4-20}
$$

$$
\frac{\partial^2 F}{\partial z^2} \approx \frac{b_1}{\Delta z^2}\big[c(F_{i+1,j} - 2F_{i,j} + F_{i-1,j}) + \frac{d}{4}(F_{i+2,j} - 2F_{i,j} + F_{i-2,j})\big] +
$$

$$
\frac{b_2}{\Delta z^2}\big[c(F_{i+1,j+1} - 2F_{i,j+1} + F_{i-1,j+1}) + \frac{d}{4}(F_{i+2,j+1} - 2F_{i,j+!} + F_{i-2,j+1})\big] +
$$

$$
\frac{b_2}{\Delta z^2}\big[c(F_{i+1,j-1} - 2F_{i,j-1} + F_{i-1,j-1}) + \frac{d}{4}(F_{i+2,j-1} - 2F_{i,j-1} + F_{i-2,j-1})\big] +
$$

$$
\frac{b_3}{\Delta z^2}\big[c(F_{i+1,j+2} - 2F_{i,j+2} + F_{i-1,j+2}) + \frac{d}{4}(F_{i+2,j-2} - 2F_{i,j+2} + F_{i-2,j+2}) +\big]
$$

$$\frac{b_3}{\Delta z^2}\big[c(F_{i+1,j-2}-2F_{i,j-2}+F_{i-1,j-2})+\frac{d}{4}(F_{i+2,j-2}-2F_{i,j-2}+F_{i-2,j-2})\big] \tag{4-21}$$

$$\frac{\partial^4 F}{\partial x^2 \partial z^2} \approx \frac{e}{\Delta x^2 \Delta z^2}(F_{i+1,j+1}-2F_{i+1,j}+F_{i+1,j-1}-2F_{i,j+1}+4F_{i,j}-2F_{i,j-1}+$$

$$F_{i-1,j+1}-2F_{i-1,j}+F_{i-1,j-1})+\frac{f}{16\Delta x^2 \Delta z^2}(F_{i+2,j+2}-2F_{i+2,j}+F_{i+2,j-2}-$$

$$2F_{i,j+2}+4F_{i,j}-2F_{i,j-2}+F_{i-2,j+2}-2F_{i-2,j}+F_{i-2,j-2}) \tag{4-22}$$

$$F_{i,j} \approx a_1 F_{i,j}+a_2(F_{i+1,j}+F_{i,j+1}+F_{i,j-1}+F_{i-1,j})+a_3(F_{i+1,j+1}-2F_{i+1,j-1}+$$

$$F_{i-1,j+1}+F_{i-1,j-1})+a_4(F_{i+2,j}+F_{i,j+2}+F_{i,j-2}+F_{i-2,j})+a_5(F_{i+2,j+1}+$$

$$F_{i+2,j-1}+F_{i+1,j+2}+F_{i+1,j-2}+F_{i-1,j+2}+F_{i-1,j-2}+F_{i-2,j+1}+F_{i-2,j-1})+$$

$$a_6(F_{i+2,j+2}+F_{i+2,j-2}+F_{i-2,j+2}+F_{i-2,j-2}) \tag{4-23}$$

采用上述差分算子的优化系数所构造的目标函数,可使离散模型和连续模型的相速度基本相同。这是一个非线性优化问题,通常采用高斯—牛顿法求解。通过高斯—牛顿法寻找优化系数使得差分方程相速度与波动方程相速度尽可能地接近(加权系数的确定在后一节中详细介绍)。

将式(4-20)至式(4-23)中 25 点差分算子代入 $F_{i,j}$ 处空间导数和波场值,并代入频率空间域波动方程式(4-19),同时将 V_{p_0},χ,η 离散化,则离散化后的准 P 波的频率—空间域差分方程为

$$A^{12}_{i+2,j+2}F_{i+2,j+2}+A^{11}_{i+2,j+1}F_{i+2,j+1}+A^{10}_{i+2,j}F_{i+2,j}+A^{9}_{i+2,j-1}F_{i+2,j-1}+$$

$$A^{8}_{i+2,j-2}F_{i+2,j-2}+A^{7}_{i+1,j+2}F_{i+1,j+2}+A^{6}_{i+1,j+1}F_{i+1,j+1}+A^{5}_{i+1,j}F_{i+1,j}+$$

$$A^{4}_{i+1,j-1}F_{i+1,j-1}+A^{3}_{i+1,j-2}F_{i+1,j-2}+A^{2}_{i,j+2}F_{i,j+2}+A^{1}_{i,j+1}F_{i,j+1}+A^{0}_{i,j}F_{i,j}+$$

$$A^{1}_{i,j-1}F_{i,j-1}+A^{2}_{i,j-2}F_{i,j-2}+A^{3}_{i-1,j+2}F_{i-1,j+2}+A^{4}_{i-1,j+1}F_{i-1,j+1}+A^{5}_{i-1,j}F_{i-1,j}+$$

$$A^{6}_{i-1,j-1}F_{i-1,j-1}+A^{7}_{i-1,j-2}F_{i-1,j-2}+A^{8}_{i-2,j+2}F_{i-2,j+2}+A^{9}_{i-2,j+1}F_{i-2,j+1}+$$

$$A^{10}_{i-2,j}F_{i-2,j}+A^{11}_{i-2,j-1}F_{i-2,j-1}+A^{12}_{i-2,j-2}F_{i-2,j-2}=0 \tag{4-24}$$

其中,

$$A^{12}_{i,j}=\frac{b_3 d}{4}(\frac{\chi_{i,j}\omega^2 V^2_{p_{0i,j}}}{\Delta x^2})+\frac{\omega^2 V^2_{p_{0i,j}}}{\Delta z^2}+\frac{f}{16}\frac{2\eta_{i,j}V^4_{p_{0i,j}}}{\Delta x^2 \Delta z^2}+a_6 \omega^4$$

$$A^{11}_{i,j}=b_3 c \frac{\chi_{i,j}\omega^2 V^2_{p_{0i,j}}}{\Delta x^2}+\frac{b_2 d}{4}\frac{\omega^2 V^2_{p_{0i,j}}}{\Delta z^2}+a_5 \omega^4$$

$$A^{10}_{i,j}=-2b_3(c+\frac{d}{4})\frac{\chi_{i,j}\omega^2 V^2_{p_{0i,j}}}{\Delta x^2}+\frac{b_1 d}{4}\frac{\omega^2 V^2_{p_{0i,j}}}{\Delta z^2}-\frac{f}{8}\frac{2\eta_{i,j}V^4_{p_{0i,j}}}{\Delta x^2 \Delta z^2}+a_4 \omega^4$$

$$A^{9}_{i,j}=b_3 c \frac{\chi_{i,j}\omega^2 V^2_{p_{0i,j}}}{\Delta x^2}+\frac{b_2 d}{4}\frac{\omega^2 V^2_{p_{0i,j}}}{\Delta z^2}+a_5 \omega^4$$

$$A^{8}_{i,j}=\frac{b_3 d}{4}(\frac{\chi_{i,j}\omega^2 V^2_{p_{0i,j}}}{\Delta x^2}+\frac{\omega^2 V^2_{p_{0i,j}}}{\Delta z^2})+\frac{f}{16}\frac{2\eta_{i,j}V^4_{p_{0i,j}}}{\Delta x^2 \Delta z^2}+a_6 \omega^4$$

$$A^{7}_{i,j}=\frac{b_2 d}{4}\frac{\chi_{i,j}\omega^2 V^2_{p_{0i,j}}}{\Delta x^2}+b_3 c \frac{\omega^2 V^2_{p_{0i,j}}}{\Delta z^2}+a_5 \omega^4$$

$$A^{6}_{i,j}=b_2 c(\frac{\chi_{1i,j}\omega^2 V^2_{p_{0i,j}}}{\Delta x^2}+\frac{\omega^2 V^2_{p_{0i,j}}}{\Delta z^2})+e\frac{2\eta_{i,j}V^4_{p_{0i,j}}}{\Delta x^2 \Delta z^2}+a_3 \omega^4$$

$$A_{i,j}^5 = -2b_2(c+\frac{d}{4})\frac{\chi_{1\,i,j}\omega^2 V_{p_{0i,j}}^2}{\Delta x^2} + b_1 c\frac{\omega^2 V_{p_{0i,j}}^2}{\Delta z^2} - 2e\frac{2\eta_{i,j}V_{p_{0i,j}}^4}{\Delta x^2\Delta z^2} + a_2\omega^4$$

$$A_{i,j}^4 = b_2 c(\frac{\chi_{i,j}\omega^2 V_{p_{0i,j}}^2}{\Delta x^2}) + \frac{\omega^2 V_{p_{0i,j}}^2}{\Delta z^2}) + e\frac{2\eta_{i,j}V_{p_{0i,j}}^4}{\Delta x^2\Delta z^2} + a_3\omega^4$$

$$A_{i,j}^3 = \frac{b_2 d}{4}\frac{\chi_{i,j}\omega^2 V_{p_{0i,j}}^2}{\Delta x^2} + b_3 c\frac{\omega^2 V_{p_{0i,j}}^2}{\Delta z^2} + a_5\omega^4$$

$$A_{i,j}^2 = \frac{b_1 d}{4}\frac{\chi_{i,j}\omega^2 V_{p_{0i,j}}^2}{\Delta x^2} - 2b_3(c+\frac{d}{4})\frac{\omega^2 V_{p_{0i,j}}^2}{\Delta z^2} - \frac{f}{8}\frac{2\eta_{i,j}V_{p_{0i,j}}^4}{\Delta x^2\Delta z^2} + a_4\omega^4$$

$$A_{i,j}^1 = b_1 c\frac{\chi_{i,j}\omega^2 V_{p_{0i,j}}^2}{\Delta x^2} - 2b_2(c+\frac{d}{4})\frac{\omega^2 V_{p_{0i,j}}^2}{\Delta z^2} - 2e\frac{2\eta_{i,j}V_{p_{0i,j}}^4}{\Delta x^2\Delta z^2} + a_2\omega^4$$

$$A_{i,j}^0 = -2b_2(c+\frac{d}{4})(\frac{\chi_{i,j}\omega^2 V_{p_{0i,j}}^2}{\Delta x^2} + \frac{\omega^2 V_{p_{0i,j}}^2}{\Delta z^2}) + (4e+\frac{f}{4})\frac{2\eta_{i,j}V_{p_{0i,j}}^4}{\Delta x^2\Delta z^2} + a_1\omega^4$$

式(4-24)是放置点 $F_{i,j}$ 处采用优化算子的差分格式,对于其中每一个网格点 $F_{i,j}$ 都能建立一个这样的方程,再加上震源项 G,可建立如下方程组

$$\boldsymbol{A}_{N\times N}\boldsymbol{F} = \boldsymbol{G} \tag{4-25}$$

$$\boldsymbol{F} = (F_{0,0}, F_{0,1}, \cdots, F_{0,Nx-1}, F_{1,0}, F_{1,1}, \cdots, F_{1,Nx-1}, \cdots F_{Nz-1,0}, F_{Nz-1,1}, \cdots, F_{Nz-1,Nx-1})^T$$

$$\boldsymbol{G} = (G_{0,0}, G_{0,1}, \cdots, G_{0,Nx-1}, G_{1,0}, G_{1,1}, \cdots, G_{1,Nx-1}, \cdots G_{Nz-1,0}, G_{Nz-1,1}, \cdots, G_{Nz-1,Nx-1})^T$$

$$\boldsymbol{A}_{N\times N} = \begin{bmatrix} L_0^0 & L_1^1 & L_2^3 & & & & \\ L_0^2 & L_1^0 & L_2^1 & L_3^3 & & & \\ L_0^4 & L_1^2 & L_2^0 & L_3^1 & L_4^3 & & \\ & L_1^4 & L_2^2 & L_3^0 & L_4^1 & L_5^3 & \\ & & \ddots & \ddots & \ddots & \ddots & \ddots \\ & & & L_{Nz-5}^4 & L_{Nz-4}^2 & L_{Nz-3}^0 & L_{Nz-2}^1 & L_{Nz-1}^3 \\ & & & & L_{Nz-4}^4 & L_{Nz-3}^2 & L_{Nz-2}^0 & L_{Nz-1}^1 \\ & & & & & L_{Nz-3}^4 & L_{Nz-2}^2 & L_{Nz-1}^0 \end{bmatrix}$$

式中总网格点数为 N_z,$N_x(N_z, N_x$ 分别为 z,x 方向的空间采样点数)。

$$L_i^0 = \begin{bmatrix} A_{i,0}^0 & A_{i,1}^1 & A_{i,2}^2 & & & & \\ A_{i,0}^1 & A_{i,1}^0 & A_{i,2}^1 & A_{i,3}^2 & & & \\ A_{i,0}^2 & A_{i,1}^1 & A_{i,2}^0 & A_{i,3}^1 & A_{i,4}^2 & & \\ & A_{i,1}^2 & A_{i,2}^1 & A_{i,3}^0 & A_{i,4}^1 & A_{i,5}^2 & \\ & & \ddots & \ddots & \ddots & \ddots & \ddots \\ & & & A_{i,Nx-5}^2 & A_{i,Nx-4}^1 & A_{i,Nx-3}^0 & A_{i,Nx-2}^1 & A_{i,Nx-1}^2 \\ & & & & A_{i,Nx-4}^2 & A_{i,Nx-3}^1 & A_{i,Nx-2}^0 & A_{i,Nx-1}^1 \\ & & & & & A_{i,Nx-3}^2 & A_{i,Nx-2}^1 & A_{i,Nx-1}^0 \end{bmatrix}$$

$$L_i^1 = \begin{bmatrix}
A_{i,0}^5 & A_{i,1}^6 & A_{i,2}^7 & & & & & \\
A_{i,0}^4 & A_{i,1}^5 & A_{i,2}^6 & A_{i,3}^7 & & & & \\
A_{i,0}^3 & A_{i,1}^4 & A_{i,2}^5 & A_{i,3}^6 & A_{i,4}^7 & & & \\
& A_{i,1}^3 & A_{i,2}^4 & A_{i,3}^5 & A_{i,4}^6 & A_{i,5}^7 & & \\
& & \ddots & \ddots & \ddots & \ddots & \ddots & \\
& & & A_{i,Nx-5}^3 & A_{i,Nx-4}^4 & A_{i,Nx-3}^5 & A_{i,Nx-2}^6 & A_{i,Nx-1}^7 \\
& & & & A_{i,Nx-4}^3 & A_{i,Nx-3}^4 & A_{i,Nx-2}^5 & A_{i,Nx-1}^6 \\
& & & & & A_{i,Nx-3}^3 & A_{i,Nx-2}^4 & A_{i,Nx-1}^5
\end{bmatrix}$$

$$L_i^2 = \begin{bmatrix}
A_{i,0}^5 & A_{i,1}^4 & A_{i,2}^3 & & & & & \\
A_{i,0}^6 & A_{i,1}^5 & A_{i,2}^4 & A_{i,3}^3 & & & & \\
A_{i,0}^7 & A_{i,1}^6 & A_{i,2}^5 & A_{i,3}^4 & A_{i,4}^3 & & & \\
& A_{i,1}^7 & A_{i,2}^6 & A_{i,3}^5 & A_{i,4}^4 & A_{i,5}^3 & & \\
& & \ddots & \ddots & \ddots & \ddots & \ddots & \\
& & & A_{i,Nx-5}^7 & A_{i,Nx-4}^6 & A_{i,Nx-3}^5 & A_{i,Nx-2}^4 & A_{i,Nx-1}^3 \\
& & & & A_{i,Nx-4}^7 & A_{i,Nx-3}^6 & A_{i,Nx-2}^5 & A_{i,Nx-1}^4 \\
& & & & & A_{i,Nx-3}^7 & A_{i,Nx-2}^6 & A_{i,Nx-1}^5
\end{bmatrix}$$

$$L_i^3 = \begin{bmatrix}
A_{i,0}^{10} & A_{i,1}^{11} & A_{i,2}^{12} & & & & & \\
A_{i,0}^9 & A_{i,1}^{10} & A_{i,2}^{11} & A_{i,3}^{12} & & & & \\
A_{i,0}^8 & A_{i,1}^9 & A_{i,2}^{10} & A_{i,3}^{11} & A_{i,4}^{12} & & & \\
& A_{i,1}^8 & A_{i,2}^9 & A_{i,3}^{10} & A_{i,4}^{11} & A_{i,5}^{12} & & \\
& & \ddots & \ddots & \ddots & \ddots & \ddots & \\
& & & A_{i,Nx-5}^8 & A_{i,Nx-4}^9 & A_{i,Nx-3}^{10} & A_{i,Nx-2}^{11} & A_{i,Nx-1}^{12} \\
& & & & A_{i,Nx-4}^8 & A_{i,Nx-3}^9 & A_{i,Nx-2}^{10} & A_{i,Nx-1}^{11} \\
& & & & & A_{i,Nx-3}^8 & A_{i,Nx-2}^9 & A_{i,Nx-1}^{10}
\end{bmatrix}$$

$$L_i^4 = \begin{bmatrix}
A_{i,0}^{10} & A_{i,1}^9 & A_{i,2}^8 & & & & & \\
A_{i,0}^{11} & A_{i,1}^{10} & A_{i,2}^9 & A_{i,3}^8 & & & & \\
A_{i,0}^{12} & A_{i,1}^{11} & A_{i,2}^{10} & A_{i,3}^9 & A_{i,4}^8 & & & \\
& A_{i,1}^{12} & A_{i,2}^{11} & A_{i,3}^{10} & A_{i,4}^9 & A_{i,5}^8 & & \\
& & \ddots & \ddots & \ddots & \ddots & \ddots & \\
& & & A_{i,Nx-5}^{12} & A_{i,Nx-4}^{11} & A_{i,Nx-3}^{10} & A_{i,Nx-2}^9 & A_{i,Nx-1}^8 \\
& & & & A_{i,Nx-4}^{12} & A_{i,Nx-3}^{11} & A_{i,Nx-2}^{10} & A_{i,Nx-1}^9 \\
& & & & & A_{i,Nx-3}^{12} & A_{i,Nx-2}^{11} & A_{i,Nx-1}^{10}
\end{bmatrix}$$

　　式(4-25)是 VTI 介质频率空间域准 P 波波动方程有限差分解的差分格式,求解上述方程组,可解得频率为 ω 的每一个网格点上的波场值,即单频波快照。对每一个频率 ω 都求解这样一个方程组,就得到每一个频率下所有网格点的波场值,然后对每一个网格点所有频率下的波场值进行反傅立叶变换,就可得到该网格点上的波场值,而每一个时间点上所有网格点的波场值,就是时间波场快照,从而实现 VTI 准 P 波的正演。

4.2 黏弹性 VTI 介质频率空间域准 P 波波动差分方程

弹性介质中的本构方程见方程式(4-1)，可将其表示为[89,90]：

$$T_I = C_{IJ}E_J \quad (I, J = 1, 2, \cdots, 6) \tag{4-26}$$

式中，T_I，E_J 为应力、应变分量；C_{IJ} 为弹性系数。

对于黏弹性介质，由黏弹性理论，基于 kelvin-voigt 模型的黏弹性波的本构方程可以由 (4-26)式变为[91]：

$$T_I = \tilde{C}_{IJ}E_J = (C_{IJ} + \eta_{IJ}\frac{\partial}{\partial t})E_J \tag{4-27}$$

式中，T_I 为应力分量；E_J 为应变分量；$\tilde{C}_{ij}(i, j = 1, 2, \cdots, 6)$，为复弹性系数，它包含了黏弹性衰减系数 η_{IJ}。

对于黏弹性 VTI 介质，C_{IJ} 和 η_{IJ} 构成如下矩阵[92-94]：

$$\boldsymbol{C} = \begin{bmatrix} C_{11} & C_{12} & C_{13} & 0 & 0 & 0 \\ C_{21} & C_{22} & C_{23} & 0 & 0 & 0 \\ C_{31} & C_{32} & C_{33} & 0 & 0 & 0 \\ 0 & 0 & 0 & C_{44} & 0 & 0 \\ 0 & 0 & 0 & 0 & C_{44} & 0 \\ 0 & 0 & 0 & 0 & 0 & C_{66} \end{bmatrix}, \boldsymbol{\eta} = \begin{bmatrix} \eta_{11} & \eta_{12} & \eta_{13} & 0 & 0 & 0 \\ \eta_{21} & \eta_{22} & \eta_{23} & 0 & 0 & 0 \\ \eta_{31} & \eta_{32} & \eta_{33} & 0 & 0 & 0 \\ 0 & 0 & 0 & \eta_{44} & 0 & 0 \\ 0 & 0 & 0 & 0 & \eta_{44} & 0 \\ 0 & 0 & 0 & 0 & 0 & \eta_{66} \end{bmatrix} \tag{4-28}$$

式中，$C_{66} = \frac{1}{2}(C_{11} - C_{12})$；$\eta_{66} = \frac{1}{2}(\eta_{11} - \eta_{12})$。

则由式(4-27)、式(4-28)可推导出黏弹性 VTI 介质中的波动方程[95-98]：

$$\begin{cases} C_{11}\frac{\partial^2 u_x}{\partial x^2} + \eta_{11}\frac{\partial^3 u_x}{\partial x^2 \partial t} + C_{66}\frac{\partial^2 u_x}{\partial y^2} + \eta_{66}\frac{\partial^3 u_x}{\partial y^2 \partial t} + C_{44}\frac{\partial^2 u_x}{\partial z^2} + \eta_{44}\frac{\partial^3 u_x}{\partial z^2 \partial t} + (C_{11} - C_{66})\frac{\partial^2 u_y}{\partial x \partial y} + \\ (\eta_{11} - \eta_{66})\frac{\partial^3 u_y}{\partial x \partial y \partial t} + (C_{13} + C_{44})\frac{\partial^2 u_z}{\partial x \partial z} + (\eta_{13} + \eta_{44})\frac{\partial^3 u_z}{\partial x \partial z \partial t} + \rho f_x = \rho\frac{\partial^2 u_x}{\partial t^2} \\ C_{66}\frac{\partial^2 u_y}{\partial x^2} + \eta_{66}\frac{\partial^3 u_y}{\partial x^2 \partial t} + C_{11}\frac{\partial^2 u_y}{\partial y^2} + \eta_{11}\frac{\partial^3 u_y}{\partial y^2 \partial t} + C_{44}\frac{\partial^2 u_y}{\partial z^2} + \eta_{44}\frac{\partial^3 u_y}{\partial z^2 \partial t} + (C_{11} - C_{66})\frac{\partial^2 u_x}{\partial x \partial y} + \\ (\eta_{11} - \eta_{66})\frac{\partial^3 u_x}{\partial x \partial y \partial t} + (C_{13} + C_{44})\frac{\partial^2 u_z}{\partial y \partial z} + (\eta_{13} + \eta_{44})\frac{\partial^3 u_z}{\partial y \partial z \partial t} + \rho f_y = \rho\frac{\partial^2 u_y}{\partial t^2} \\ C_{44}\frac{\partial^2 u_z}{\partial x^2} + \eta_{44}\frac{\partial^3 u_z}{\partial x^2 \partial t} + C_{44}\frac{\partial^2 u_z}{\partial y^2} + \eta_{44}\frac{\partial^3 u_z}{\partial y^2 \partial t} + C_{33}\frac{\partial^2 u_z}{\partial z^2} + \eta_{33}\frac{\partial^3 u_z}{\partial z^2 \partial t} + (C_{13} + C_{44})\frac{\partial^2 u_x}{\partial x \partial z} + \\ (\eta_{13} + \eta_{44})\frac{\partial^3 u_x}{\partial x \partial z \partial t} + (C_{13} + C_{44})\frac{\partial^2 u_y}{\partial y \partial z} + (\eta_{13} + \eta_{44})\frac{\partial^3 u_y}{\partial y \partial z \partial t} + \rho f_z = \rho\frac{\partial^2 u_z}{\partial t^2} \end{cases} \tag{4-29}$$

将式(4-7)代入式(4-29)，并忽略体力项，可得如下的 Kelvin-Christoffel 方程：

$$\begin{cases} [(C_{11} + i\omega\eta_{11})k_x^2 + (C_{66} + i\omega\eta_{66})k_y^2 + (C_{44} + i\omega\eta_{44})k_z^2 - \rho\omega^2]A_x + \\ [(C_{11} - C_{66}) + i\omega(\eta_{11} - \eta_{66})]k_x k_y A_y + [(C_{13} + C_{44}) - (\eta_{13} + \eta_{44})]k_x k_z A_z = 0 \\ [(C_{11} + C_{66}) + i\omega(\eta_{11} + \eta_{66})]k_x k_y A_x + [(C_{66} + i\omega\eta_{66})k_x^2 + (C_{11} + i\omega\eta_{11})k_y^2 + \\ (C_{44} + i\omega\eta_{44})k_z^2 - \rho\omega^2]A_y + [(C_{13} + C_{44}) + i\omega(\eta_{13} + \eta_{44})]k_y k_z A_z = 0 \\ [(C_{13} + C_{44}) + i\omega(\eta_{13} + \eta_{44})]k_x k_z A_x + [(C_{13} + C_{44}) + i\omega(\eta_{13} + \eta_{44})]k_y k_z A_y + \\ [(C_{44} + i\omega\eta_{44})k_x^2 + (C_{44} + i\omega\eta_{44})k_y^2 + (C_{33} + i\omega\eta_{33})k_z^2 - \rho\omega^2]A_z = 0 \end{cases}$$

即

$$\begin{bmatrix} \Gamma_{11} - \rho\omega^2 & \Gamma_{12} & \Gamma_{13} \\ \Gamma_{12} & \Gamma_{22} - \rho\omega^2 & \Gamma_{23} \\ \Gamma_{13} & \Gamma_{23} & \Gamma_{33} - \rho\omega^2 \end{bmatrix} \begin{bmatrix} A_x \\ A_y \\ A_z \end{bmatrix} = 0 \tag{4-30}$$

式(4-27)中的元素为弹性参数的函数,即

$$\begin{cases} \Gamma_{11} = (C_{11} + i\omega\eta_{11})k_x^2 + (C_{66} + i\omega\eta_{66})k_y^2 + (C_{44} + i\omega\eta_{44})k_z^2 \\ \Gamma_{12} = \left[(C_{11} - C_{66}) + i\omega(\eta_{11} - \eta_{66}) \right] k_x k_y \\ \Gamma_{13} = \left[(C_{13} + C_{44}) - (\eta_{13} + \eta_{44}) \right] k_x k_z \\ \Gamma_{22} = (C_{66} + i\omega\eta_{66})k_x^2 + (C_{11} + i\omega\eta_{11})k_y^2 + (C_{44} + i\omega\eta_{44})k_z^2 \\ \Gamma_{23} = \left[(C_{13} + C_{44}) + i\omega(\eta_{13} + \eta_{44}) \right] k_y k_z \\ \Gamma_{33} = (C_{44} + i\omega\eta_{44})k_x^2 + (C_{44} + i\omega\eta_{44})k_y^2 + (C_{33} + i\omega\eta_{33})k_z^2 \end{cases} \tag{4-31}$$

要想使式(4-31)有非零解,必须使该式的系数矩阵的行列式为零,即:

$$\det \boldsymbol{\Gamma} = \begin{vmatrix} \Gamma_{11} - \rho\omega^2 & \Gamma_{12} & \Gamma_{13} \\ \Gamma_{12} & \Gamma_{22} - \rho\omega^2 & \Gamma_{23} \\ \Gamma_{13} & \Gamma_{23} & \Gamma_{33} - \rho\omega^2 \end{vmatrix} = (\Gamma_{11} - \rho\omega^2)(\Gamma_{22} - \rho\omega^2)(\Gamma_{33} - \rho\omega^2) +$$

$$2\Gamma_{12}\Gamma_{23}\Gamma_{13} - (\Gamma_{11} - \rho\omega^2)\Gamma_{23}^2 - (\Gamma_{22} - \rho\omega^2)\Gamma_{13}^2 - (\Gamma_{33} - \rho\omega^2)\Gamma_{12}^2 = 0 \tag{4-32}$$

通过求解方程式(4-32),可获得黏弹性 VTI 介质纵横波耦合的频散关系方程。为了消除记录中强横波对纵波的干扰,根据 Alkhalifah 声波假设思想,假设横波速度为零,即 $V_{s_0} = 0$,则用 Thomsen 参数表征的弹性参数值变为:

$$\begin{cases} C_{11} = C_{22} = \rho(1 + 2\varepsilon)V_{P_0}^2 \\ C_{33} = \rho V_{P_0}^2 \\ C_{44} = C_{55} = 0.0 \\ C_{66} = 0.0 \\ C_{13} = C_{23} = \rho V_{P_0}^2 \sqrt{1 + 2\delta} \end{cases} \tag{4-33}$$

在二维情况下,$k_y = 0$ 时,将式(4-33)代入式(4-31),得:

$$\begin{cases} \Gamma_{11} = \left[\rho(1 + 2\varepsilon)V_{P_0}^2 + i\omega\eta_{11} \right] k_x^2 \\ \Gamma_{12} = 0 \\ \Gamma_{13} = (\rho V_{P_0}^2 \sqrt{1 + 2\delta} + i\omega\eta_{13}) k_x k_z \\ \Gamma_{22} = 0 \\ \Gamma_{23} = 0 \\ \Gamma_{33} = (\rho V_{P_0}^2 + i\omega\eta_{33}) k_z^2 \end{cases} \tag{4-34}$$

因为衰减系数与品质因子具有如下关系:

$$\begin{cases} \eta_{11} = \dfrac{C_{11}}{\omega Q_p} \\ \eta_{33} = \dfrac{C_{33}}{\omega Q_p} \end{cases} \tag{4-35}$$

式中,Q_p 为准 P 波的品质因子;ω 为圆频率。

将式(4-34)、式(4-35)代入式(4-31)并整理得黏弹性 VTI 介质中准 P 波的频散方程:

$$\omega^4 = \omega^2 V_{p_0}^2 \left(1+\frac{i}{Q_p}\right)\left[(1+2\varepsilon)k_x^2 - k_z^2\right] - 2(\varepsilon-\delta)V_{p_0}^4 \left(1+\frac{i}{Q_p}\right)^2 k_x^2 k_z^2 \qquad (4-36)$$

两边乘以准 P 波的傅立叶变换 $P(k_x, k_y, k_z, \omega)$,同时对方程两边进行关于 k_x, k_y, k_z 和 ω 的反傅立叶变换,得到黏弹性 VTI 介质的时间—空间域准 P 波波动方程:

$$\frac{\partial^4 p}{\partial t^4} = V_{p_0}^2 \left(1+\frac{i}{Q_p}\right)\left[(1+2\varepsilon)\frac{\partial^4 p}{\partial x^2 \partial t^2} + \frac{\partial^4 p}{\partial z^2 \partial t^2}\right] - 2(\varepsilon-\delta)V_{p_0}^4 \left(1+\frac{i}{Q_p}\right)^2 \frac{\partial^4 p}{\partial z^2 \partial x^2}$$

$$(4-37)$$

对方程作傅立叶变换,将时间—空间域 $p(z, x, t)$ 变换到频率—空间域 $F(z, x, \omega)$,可得二维黏弹性 VTI 介质中准 P 波的频率—空间域波动方程:

$$(1+2\varepsilon)\omega^2 V_{p_0}^2 \left(1+\frac{i}{Q_p}\right)\frac{\partial^2 F}{\partial x^2} + \omega^2 V_{p_0}^2 \left(1+\frac{i}{Q_p}\right)\frac{\partial^2 F}{\partial z^2} +$$

$$2(\varepsilon-\delta)V_{p_0}^4 \left(1+\frac{i}{Q_p}\right)^2 \frac{\partial^4 F}{\partial z^2 \partial x^2} + \omega^4 F = 0 \qquad (4-38)$$

为了书写方便,引入复数 $\widetilde{X} = (1+2\varepsilon)\omega^2 V_{p_0}^2 \left(1+\frac{i}{Q_p}\right)$, $\widetilde{Y} = \omega^2 V_{p_0}^2 \left(1+\frac{i}{Q_p}\right)$, $\widetilde{Z} = 2(\varepsilon-\delta)$ $V_{p_0}^4 \left(1+\frac{i}{Q_p}\right)^2$,则式(4-38)可简化为:

$$\widetilde{X}\frac{\partial^2 F}{\partial x^2} + \widetilde{Y}\frac{\partial^2 F}{\partial z^2} + \widetilde{Z}\frac{\partial^4 F}{\partial z^2 \partial x^2} + \omega^4 F = 0 \qquad (4-39)$$

将式(4-20)至式(4-23)中 25 点差分算子代入 $F_{i,j}$ 处空间导数和波场值,并代入黏弹性 VTI 介质准 P 波频率空间域波动方程式(4-39),同时将 $V_{p_0}, \varepsilon, \delta$ 离散化,则离散化后的准 P 波的频率—空间域差分方程为

$$A_{i+2,j+2}^{12} F_{i+2,j+2} + A_{i+2,j+1}^{11} F_{i+2,j+1} + A_{i+2,j}^{10} F_{i+2,j} + A_{i+2,j-1}^{9} F_{i+2,j-1} +$$

$$A_{i+2,j-2}^{8} F_{i+2,j-2} + A_{i+1,j+2}^{7} F_{i+1,j+2} + A_{i+1,j+1}^{6} F_{i+1,j+1} + A_{i+1,j}^{5} F_{i+1,j} +$$

$$A_{i+1,j-1}^{4} F_{i+1,j-1} + A_{i+1,j-2}^{3} F_{i+1,j-2} + A_{i,j+2}^{2} F_{i,j+2} + A_{i,j+1}^{1} F_{i,j+1} + A_{i,j}^{0} F_{i,j} +$$

$$A_{i,j-1}^{1} F_{i,j-1} + A_{i,j-2}^{2} F_{i,j-2} + A_{i-1,j+2}^{3} F_{i-1,j+2} + A_{i-1,j+1}^{4} F_{i-1,j+1} + A_{i-1,j}^{5} F_{i-1,j} +$$

$$A_{i-1,j-1}^{6} F_{i-1,j-1} + A_{i-1,j-2}^{7} F_{i-1,j-2} + A_{i-2,j+2}^{8} F_{i-2,j+2} + A_{i-2,j+1}^{9} F_{i-2,j+1} +$$

$$A_{i-2,j}^{10} F_{i-2,j} + A_{i-2,j-1}^{11} F_{i-2,j-1} + A_{i-2,j-2}^{12} F_{i-2,j-2} = 0 \qquad (4-40)$$

式中,

$$A_{i,j}^{12} = \frac{b_3 d}{4\Delta x^2}\widetilde{X}_{i,j} + \frac{b_3 d}{4\Delta z^2}\widetilde{Y}_{i,j} + \frac{f}{16\Delta x^2 \Delta z^2}\widetilde{Z}_{i,j} + a_6 \omega^4$$

$$A_{i,j}^{11} = b_3 c\frac{\widetilde{X}_{i,j}}{\Delta x^2} + \frac{b_2 d}{4}\frac{\widetilde{Y}_{i,j}}{\Delta z^2} + a_5 \omega^4$$

$$A_{i,j}^{10} = -2b_3\left(c+\frac{d}{4}\right)\frac{\widetilde{X}_{i,j}}{\Delta x^2} + \frac{b_1 d}{4}\frac{\widetilde{Y}_{i,j}}{\Delta z^2} - \frac{f}{8}\frac{\widetilde{Z}_{i,j}}{\Delta x^2 \Delta z^2} + a_4 \omega^4$$

$$A_{i,j}^{9} = b_3 c\frac{\widetilde{X}_{i,j}}{\Delta x^2} + \frac{b_2 d}{4}\frac{\widetilde{Y}_{i,j}}{\Delta z^2} + a_5 \omega^4$$

$$A_{i,j}^{8} = \frac{b_3 d}{4}\left(\frac{\widetilde{X}_{i,j}}{\Delta x^2} + \frac{\widetilde{Y}_{i,j}}{\Delta z^2}\right) + \frac{f}{16}\frac{\widetilde{Z}_{i,j}}{\Delta x^2 \Delta z^2} + a_6 \omega^4$$

$$A_{i,j}^7 = \frac{b_2 d}{4} \frac{\widetilde{X}_{i,j}}{\Delta x^2} + b_3 c \frac{\widetilde{Y}_{i,j}}{\Delta z^2} + a_5 \omega^4$$

$$A_{i,j}^6 = b_2 c \left(\frac{\widetilde{X}_{i,j}}{\Delta x^2} + \frac{\widetilde{Y}_{i,j}}{\Delta z^2} \right) + e \frac{\widetilde{Z}_{i,j}}{\Delta x^2 \Delta z^2} + a_3 \omega^4$$

$$A_{i,j}^5 = -2 b_2 \left(c + \frac{d}{4} \right) \frac{\widetilde{X}_{i,j}}{\Delta x^2} + b_1 c \frac{\widetilde{Y}_{i,j}}{\Delta z^2} - 2 e \frac{\widetilde{Z}_{i,j}}{\Delta x^2 \Delta z^2} + a_2 \omega^4$$

$$A_{i,j}^4 = b_2 c \left(\frac{\widetilde{X}_{i,j}}{\Delta x^2} + \frac{\widetilde{Y}_{i,j}}{\Delta z^2} \right) + e \frac{\widetilde{Z}_{i,j}}{\Delta x^2 \Delta z^2} + a_3 \omega^4$$

$$A_{i,j}^3 = \frac{b_2 d}{4} \frac{\widetilde{X}_{i,j}}{\Delta x^2} + b_3 c \frac{\widetilde{Y}_{i,j}}{\Delta z^2} + a_5 \omega^4$$

$$A_{i,j}^2 = \frac{b_1 d}{4} \frac{\widetilde{X}_{i,j}}{\Delta x^2} - 2 b_3 \left(c + \frac{d}{4} \right) \frac{\widetilde{Y}_{i,j}}{\Delta z^2} - \frac{f}{8} \frac{\widetilde{Z}_{i,j}}{\Delta x^2 \Delta z^2} + a_4 \omega^4$$

$$A_{i,j}^1 = b_1 c \frac{\widetilde{X}_{i,j}}{\Delta x^2} - 2 b_2 \left(c + \frac{d}{4} \right) \frac{\widetilde{Y}_{i,j}}{\Delta z^2} - 2 e \frac{\widetilde{Z}_{i,j}}{\Delta x^2 \Delta z^2} + a_2 \omega^4$$

$$A_{i,j}^0 = -2 b_2 \left(c + \frac{d}{4} \right) \left(\frac{\widetilde{X}_{i,j}}{\Delta x^2} + \frac{\widetilde{Y}_{i,j}}{\Delta z^2} \right) + \left(4e + \frac{f}{4} \right) \frac{\widetilde{Z}_{i,j}}{\Delta x^2 \Delta z^2} + a_1 \omega^4$$

式(4-40)是放置点 $F_{i,j}$ 处采用优化算子的差分格式,对于其中每一个网格点 $F_{i,j}$ 都能建立一个这样的方程,再加上震源项 G,可建立如同式(4-25)的方程组。

4.3　VTI 介质准 P 波优化加权系数的确定

设平面简谐波的解 $F = A e^{i(k_x x + k_z z)}$,其中 k_x 为横向波数,$k_x = k \sin \theta$,k_z 为纵向波数,$k_z = k \cos \theta$,k 为波数,θ 为传播角,即传播方向与 Z 轴的夹角,则有:

$$\begin{cases} \dfrac{\partial^2 F}{\partial x^2} = -k_x^2 F = -k^2 F \sin^2 \theta \\[2mm] \dfrac{\partial^2 F}{\partial z^2} = -k_z^2 F = -k^2 F \cos^2 \theta \\[2mm] \dfrac{\partial^4 F}{\partial x^2 \partial z^2} = k_x^2 k_z^2 F = k^4 F \sin^2 \theta \cos^2 \theta \end{cases} \tag{4-41}$$

将式(4-41)代入 VTI 介质频率空间域准 P 波波动方程式(4-19)中,得:

$$\omega^4 - \chi k^2 \sin^2 \theta \omega^2 V_{P_0}^2 - k^2 \cos^2 \theta \omega^2 V_{P_0}^2 + 2 \eta k^4 \sin^2 \theta \cos^2 \theta V_{P_0}^4 = 0 \tag{4-42}$$

解上式可得:

$$\omega^2 = \frac{1}{2} \left[(\chi_1 k^2 \sin^2 \theta + k^2 \cos^2 \theta) V_{P_0}^2 \pm \sqrt{(\chi_1 \chi k^2 \sin^2 \theta + k^2 \cos^2 \theta)^2 V_{P_0}^4 - 8 \eta k^4 \sin^2 \theta \cos^2 \theta V_{P_0}^4} \right]$$

$$= \frac{k^2 V_{P_0}^2}{2} \left[(\chi_1 \sin^2 \theta + \cos^2 \theta) \pm \sqrt{(\chi_1 \sin^2 \theta + \cos^2 \theta)^2 - 8 \eta \sin^2 \theta \cos^2 \theta} \right] \tag{4-43}$$

引入变量 L 作为每波长内的网格点数,即 $L = \dfrac{2\pi}{k\Delta}$,则有 $k\Delta = \dfrac{2\pi}{L}$,$k_x \Delta = \dfrac{2\pi}{L} \sin \theta$,$k_z \Delta = \dfrac{2\pi}{L} \cos \theta$,由相速度定义 $V_{PH} = \dfrac{\omega}{k}$,则 VTI 介质准 P 波波动方程的相速度为:

$$V_{\mathrm{PH}} = V_{\mathrm{p}_0} \left\{ \frac{1}{2} \left[(\chi_1 \sin^2 \theta + \cos^2 \theta) \pm \sqrt{(\chi_1 \sin^2 \theta + \cos^2 \theta)^2 - 8\eta \sin^2 \theta \cos^2 \theta} \right] \right\}^{1/2} \quad (4\text{-}44)$$

将 25 点差分算子代入波动方程表达式,并将空间导数 $\dfrac{\partial^2 F}{\partial x^2}$、$\dfrac{\partial^2 F}{\partial z^2}$ 和 $\dfrac{\partial^4 F}{\partial x^2 \partial z^2}$ 的有限差分近似分别记为 D_{xx}、D_{zz} 和 D_{xxzz},同时 F 的差分近似记为 D_{m},可得波动方程有限差分近似表达式为:

$$\chi \omega^2 V_{\mathrm{p}_0}^2 D_{xx} + \omega^2 V_{\mathrm{p}_0}^2 D_{zz} + 2\eta V_{\mathrm{p}_0}^4 D_{xxzz} + \omega^4 D_{\mathrm{m}} = 0 \quad (4\text{-}45)$$

则可求得:

$$\omega^2 = \frac{V_{\mathrm{p}_0}^2}{2 D_{\mathrm{m}}} \left[(-\chi D_{xx} - D_{zz}) \pm \sqrt{(\chi D_{xx} + D_{zz})^2 - 8\eta D_{\mathrm{m}} D_{xxzz}} \right] \quad (4\text{-}46)$$

将 $F = A e^{i(k_x x + k_z z)}$ 代入 D_{xx}、D_{zz}、D_{xxzz} 和 D_{m},并令 $\Delta = \Delta x = \Delta z$,则得:

$$D_{xx} = \frac{F_{i,j}}{\Delta^2} \left[-b_1 - 2b_2 \cos(k_z \Delta) - 2b_3 \cos(2k_z \Delta) \right] \cdot \left[4c \sin^2 \left(\frac{k_x \Delta}{2} \right) + d \sin^2 (k_x \Delta) \right]$$

$$D_{zz} = \frac{F_{i,j}}{\Delta^2} \left[-b_1 - 2b_2 \cos(k_x \Delta) - 2b_3 \cos(2k_x \Delta) \right] \cdot \left[4c \sin^2 \left(\frac{k_z \Delta}{2} \right) + d \sin^2 (k_z \Delta) \right]$$

$$D_{xxzz} = \frac{F_{i,j}}{\Delta^4} \left[4e (\cos(k_x \Delta) - 1)(\cos(k_z \Delta) - 1) \right] + \frac{f}{4} \left\{ \left[\cos(2k_x \Delta) - 1 \right] \left[\cos(2k_z \Delta) - 1 \right] \right\}$$

$$D_{\mathrm{m}} = F_{i,j} \{ a_1 + 2a_2 \left[\cos(k_x \Delta) + \cos(k_z \Delta) \right] + 4a_3 \cos(k_x \Delta) \cdot \cos(k_z \Delta) +$$

$$2a_4 \left[\cos(2k_x \Delta) + \cos(2k_z \Delta) \right] + 4a_5 \left[\cos(2k_x \Delta) \cos(k_z \Delta) + \cos(k_x \Delta) \cos(2k_z \Delta) \right] +$$

$$4a_6 \cos(2k_x \Delta) \cos(2k_z \Delta) \}$$

将以上差分近似代入式(4-46),约去同类项,并整理得:

$$\omega^2 = \frac{V_{\mathrm{p}_0}^2}{2 P_{\mathrm{m}} \Delta^2} \left[(-\chi P_{xx} - P_{zz}) \pm \sqrt{(\chi P_{xx} + P_{zz})^2 - 8\eta P_{\mathrm{m}} P_{xxzz}} \right] \quad (4\text{-}47)$$

由相速度的定义,得差分方程的相速度为:

$$V_{\mathrm{PH}}^{\mathrm{d}} = \frac{\omega}{k} = \frac{\omega}{\left(\dfrac{2\pi}{\Delta L} \right)} = \frac{V_{\mathrm{p}_0} L}{2\pi} \left\{ \frac{1}{2 P_{\mathrm{m}}} \left[(-\chi P_{xx} - P_{zz}) \pm \sqrt{(\chi P_{xx} + P_{zz})^2 - 8\eta P_{\mathrm{m}} P_{xxzz}} \right] \right\}^{1/2}$$

$$(4\text{-}48)$$

式中,

$$P_{\mathrm{m}} = a_1 + 2a_2 \left[\cos(\frac{2\pi}{L} \sin \theta) + \cos(\frac{2\pi}{L} \cos \theta) \right] + 4a_3 \cos(\frac{2\pi}{L} \sin \theta) \cdot \cos(\frac{2\pi}{L} \cos \theta) +$$

$$2a_4 \left[\cos(\frac{4\pi}{L} \sin \theta) + \cos(\frac{4\pi}{L} \cos \theta) \right] + 4a_5 \left[\cos(\frac{4\pi}{L} \sin \theta) \cos(\frac{2\pi}{L} \cos \theta) +$$

$$\cos(\frac{2\pi}{L} \sin \theta) \cos(\frac{4\pi}{L} \cos \theta) \right] + 4a_6 \cos(\frac{4\pi}{L} \sin \theta) \cos(\frac{4\pi}{L} \cos \theta)$$

$$P_{xx} = -\left[b_1 + 2b_2 \cos(\frac{2\pi}{L} \cos \theta) - 2b_3 \cos(\frac{4\pi}{L} \cos \theta) \right] \cdot \left[4c \sin^2 (\frac{\pi}{L} \sin \theta) + d \sin^2 (\frac{2\pi}{L} \sin \theta) \right]$$

$$P_{zz} = \left[-b_1 - 2b_2 \cos(\frac{2\pi}{L} \sin \theta) - 2b_3 \cos(\frac{4\pi}{L} \sin \theta) \right] \cdot \left[4c \sin^2 (\frac{\pi}{L} \cos \theta) + d \sin^2 (\frac{2\pi}{L} \cos \theta) \right]$$

$$P_{xxzz} = \left[4e\left(\cos\left(\frac{2\pi}{L}\sin\theta\right)-1\right)\left(\cos\left(\frac{2\pi}{L}\cos\theta\right)-1\right)\right] + \frac{f}{4}\left[\left(\cos\left(\frac{4\pi}{L}\sin\theta\right)-1\right)\left(\cos\left(\frac{4\pi}{L}\cos\theta\right)-1\right)\right]$$

为了使正演的数据没有数值频散，希望差分方程的相速度和波动方程的相速度尽可能相同。定义 f 为差分方程的相速度与波动方程相速度之比，又为归一化的相速度：

$$f = \frac{V_{PH}^{d}}{V_{PH}^{w}} \tag{4-49}$$

通过高斯—牛顿法来确定的最佳加权系数[86-87]，使得有限差分方程相速度与波动方程相速度尽可能接近，即 f 趋近于 1。用高斯牛顿法求得的各向同性介质的优化系数为：

$a_1 = 0.512\ 883\ 8, a_2 = 0.145\ 159\ 8, a_3 = 0.021\ 430\ 882, a_4 = 0.005\ 069\ 8$

$a_5 = -0.002\ 984\ 9, a_6 = 0.000\ 114\ 596, b_1 = 0.608\ 781, b_2 = 0.270\ 898\ 2$

$b_3 = -0.025\ 726\ 564, c = 0.759\ 683\ 8, d = 0.311\ 686, e = 1.204\ 687, f = -0.026\ 533\ 956$

用高斯牛顿法求得的 VTI 介质的 q_P 波波动方程的优化算子的优化加权系数为：

$a_1 = 0.414\ 62, a_2 = 0.117\ 8, a_3 = 0.018\ 237, a_4 = -0.001\ 860\ 9, a_5 = 0.002\ 508$

$a_6 = -0.000\ 468\ 43, b1 = 0.609\ 8, b_2 = 0.153\ 88, b_3 = 0.001\ 167\ 4, c = 0.664\ 82$

$d = 0.393\ 59, e = 0.578\ 96, f = 0.398\ 43$

为了验证差分算子的正确性，设计了一个均匀 VTI 介质模型，介质的垂向速度为 $v_{p0} = 2\ 500$ m/s，VTI 介质的各向异性 Thomsen 参数 $\varepsilon = 0.189, \delta = 0.204$。模型网格为 101×101，空间间隔 $\Delta x = \Delta z = 10$ m，时间采样间隔为 2 ms，采用主频为 50 Hz 的雷克子波作为震源子波，震源位于模型中心处。

图 4-2 为均匀各向异性介质常规 9 点差分和 25 点优化差分频率域单频波快照对比图，图 4-3 为均匀各向异性介质常规 9 点差分和 25 点优化差分时间域波场快照对比图，图 4-4 为均匀各向异性介质常规 9 点差分和 25 点优化差分地震记录的对比图，由图 4-2 至图 4-4 可以发现 25 点优化差分算子起到了减小数值频散的作用。

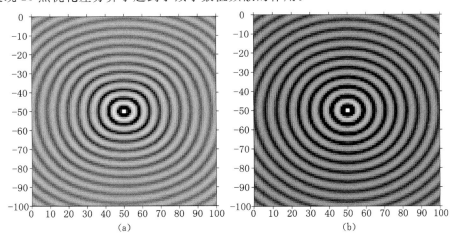

图 4-2　均匀各向异性介质频率域 50 Hz 单频波快照对比

(a) 常规 9 点差分算子；(b) 25 点优化差分算子

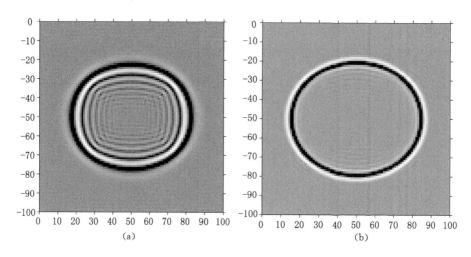

图 4-3 均匀各向异性介质时间域 150 ms 波场快照对比
（a）常规 9 点差分算子；（b）25 点优化差分算子

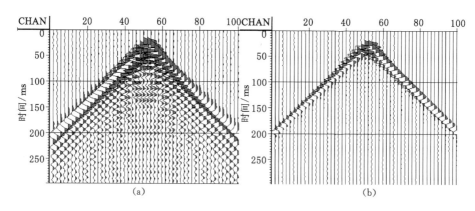

图 4-4 均匀各向异性介质地震记录的对比
（a）常规 9 点差分算子；（b）25 点优化差分算子

4.4 震源

用于数值模拟的震源子波有多种，包括高斯子波、雷克子波、钟型函数等。本研究中用到的是雷克子波，其形式为：

$$f(t) = (1 - 2\pi^2 f_m t^2) e^{-(\pi f_m t)^2} \tag{4-50}$$

式中，f_m 为主频。

4.5 边界条件

利用波动方程模拟地震记录时，关键问题就是吸收边界条件。这是因为波动方程数值模拟要模拟的是地震波在无限介质中的传播过程，但由于受计算机内存和计算量等的限制，只能在有限的区域上求解，这相当于引入了一个人为的反射界面，如果不对边界进行处理，就会产生不期望的边界反射,这就会影响地震波的传播,甚至使波场完全失真,因此必须构造边界条件,使该界面产生尽可能少的反射,这样才能模拟地震波在无限介质中的传播[88-89]。

本书采用了特征分析法吸收边界条件和完全匹配层法衰减边界相结合构造的人工边界条件,模拟结果证明,该方法是一种高效的吸收衰减边界条件,可以收到很好的吸收、衰减边界的效果。

4.5.1 特征值分析法吸收边界条件基本原理

为了构造适合二维 VTI 介质 q^P 波波动方程的频率空间域有限差分解的吸收边界条件,首先从 VTI 介质的波动方程出发,采用特征分析法并结合 Kelvin-Christoffel 方程构造了 VTI 介质 q^P 波波动方程有限差分数值模拟的边界条件。

二维介质准 P 波波动方程为:

$$\begin{cases} \dfrac{\partial^2 u_x}{\partial t^2} = \dfrac{c_{11}}{\rho}\dfrac{\partial^2 u_x}{\partial x^2} + \dfrac{c_{44}}{\rho}\dfrac{\partial^2 u_x}{\partial z^2} + \dfrac{(c_{13} + c_{44})}{\rho}\dfrac{\partial^2 u_z}{\partial x \partial z} \\ \dfrac{\partial^2 u_z}{\partial t^2} = \dfrac{(c_{13} + c_{44})}{\rho}\dfrac{\partial^2 u_x}{\partial x \partial z} + \dfrac{c_{44}}{\rho}\dfrac{\partial^2 u_z}{\partial x^2} + \dfrac{c_{33}}{\rho}\dfrac{\partial^2 u_z}{\partial z^2} \end{cases} \tag{4-51}$$

式中,u_x,u_z 为 x 方向和 z 方向的位移;c_{11},c_{13},c_{33},c_{44} 为弹性参数;ρ 为密度。

将弹性参数用 Thomsen 参数表征,同时令 $v_s 0 = 0$,并引入

$$\begin{cases} v_1 = v_{p0}\sqrt{1 + 2\varepsilon} \\ v_2 = v_{p0}\sqrt[4]{1 + 2\delta} \\ v_3 = v_{p0} \end{cases} \tag{4-52}$$

则弹性参数可表示为:

$$\begin{cases} c_{11} = \rho(1 + 2\varepsilon)v_{p0}^2 = \rho v_1^2 \\ c_{13} = \rho\sqrt{1 + 2\delta}v_{p0}^2 = \rho v_2^2 \\ c_{33} = \rho v_{p0}^2 = \rho v_3^2 \\ c_{44} = 0 \end{cases} \tag{4-53}$$

将式(4-52)、式(4-53)代入式(4-51),得:

$$\begin{cases} \dfrac{\partial^2 u_x}{\partial t^2} = v_1^2\dfrac{\partial^2 u_x}{\partial x^2} + v_2^2\dfrac{\partial^2 u_z}{\partial x \partial z} \\ \dfrac{\partial^2 u_z}{\partial t^2} = v_2^2\dfrac{\partial^2 u_x}{\partial x \partial z} + v_3^2\dfrac{\partial^2 u_z}{\partial z^2} \end{cases} \tag{4-54}$$

为了将式(4-41)降阶,由运动平衡方程,当体力为零时有:

$$\begin{cases} \rho\dfrac{\partial^2 u}{\partial t^2} = \dfrac{\partial \sigma_{xx}}{\partial x} + \dfrac{\partial \tau_{xy}}{\partial y} + \dfrac{\partial \tau_{xz}}{\partial z_x} \\ \rho\dfrac{\partial^2 v}{\partial t^2} = \dfrac{\partial \tau_{yx}}{\partial x} + \dfrac{\partial \sigma_{yy}}{\partial y} + \dfrac{\partial \tau_{yz}}{\partial z} \\ \rho\dfrac{\partial^2 w}{\partial t^2} = \dfrac{\partial \tau_{zx}}{\partial x} + \dfrac{\partial \tau_{zy}}{\partial y} + \dfrac{\partial \sigma_{zz}}{\partial z} \end{cases} \tag{4-55}$$

二维情况下上式变为:

$$\begin{cases} \rho \dfrac{\partial^2 u}{\partial t^2} = \dfrac{\partial \sigma_{xx}}{\partial x} + \dfrac{\partial \tau_{xz}}{\partial z} \\[3mm] \rho \dfrac{\partial^2 w}{\partial t^2} = \dfrac{\partial \tau_{zz}}{\partial x} + \dfrac{\partial \sigma_{zz}}{\partial z} \end{cases} \tag{4-56}$$

因为 $\tau_{xz} = \tau_{zx} = c_{44}(\dfrac{\partial u_z}{\partial x} + \dfrac{\partial u_x}{\partial z}) = 0$，故式(4-56)可简写为：

$$\begin{cases} \dfrac{\partial^2 u}{\partial t^2} = \dfrac{1}{\rho} \dfrac{\partial \sigma_{xx}}{\partial x} \\[3mm] \dfrac{\partial^2 w}{\partial t^2} = \dfrac{1}{\rho} \dfrac{\partial \sigma_{zz}}{\partial z} \end{cases} \tag{4-57}$$

因为有：

$$\begin{cases} \sigma_{xx} = C_{11} \dfrac{\partial u_x}{\partial x} + C_{13} \dfrac{\partial u_z}{\partial z} \\[3mm] \sigma_{zz} = C_{31} \dfrac{\partial u_x}{\partial x} + C_{33} \dfrac{\partial u_z}{\partial z} \end{cases} \tag{4-58}$$

对式(4-58)左右两边分别对时间 t 求导，得：

$$\begin{cases} \dfrac{\partial \sigma_{xx}}{\partial t} = C_{11} \dfrac{\partial v_x}{\partial x} + C_{13} \dfrac{\partial v_z}{\partial z} = \rho v_1^2 \dfrac{\partial v_x}{\partial x} + \rho v_2^2 \dfrac{\partial v_z}{\partial z} \\[3mm] \dfrac{\partial \sigma_{zz}}{\partial t} = C_{31} \dfrac{\partial v_x}{\partial x} + C_{33} \dfrac{\partial v_z}{\partial z} = \rho v_2^2 \dfrac{\partial v_x}{\partial x} + \rho v_3^2 \dfrac{\partial v_z}{\partial z} \end{cases} \tag{4-59}$$

将式(4-57)和式(4-59)组合得降阶后的速度应力场方程：

$$\begin{cases} \dfrac{\partial^2 u}{\partial t^2} = \dfrac{1}{\rho} \dfrac{\partial \sigma_{xx}}{\partial x} \\[3mm] \dfrac{\partial^2 w}{\partial t^2} = \dfrac{1}{\rho} \dfrac{\partial \sigma_{zz}}{\partial z} \\[3mm] \dfrac{\partial \sigma_{xx}}{\partial t} = C_{11} \dfrac{\partial v_x}{\partial x} + C_{13} \dfrac{\partial v_z}{\partial z} = \rho v_1^2 \dfrac{\partial v_x}{\partial x} + \rho v_2^2 \dfrac{\partial v_z}{\partial z} \\[3mm] \dfrac{\partial \sigma_{zz}}{\partial t} = C_{31} \dfrac{\partial v_x}{\partial x} + C_{33} \dfrac{\partial v_z}{\partial z} = \rho v_2^2 \dfrac{\partial v_x}{\partial x} + \rho v_3^2 \dfrac{\partial v_z}{\partial z} \end{cases} \tag{4-60}$$

令 $U = (v_x, v_z, \sigma_{xx}, \sigma_{zz})^{\mathrm{T}}$，则式(4-60)的矩阵形式为：

$$\frac{\partial U}{\partial t} = A \frac{\partial U}{\partial x} + B \frac{\partial U}{\partial z} \tag{4-61}$$

式中，

$$A = \begin{bmatrix} 0 & 0 & \dfrac{1}{\rho} & 0 \\ 0 & 0 & 0 & 0 \\ \rho v_1^2 & 0 & 0 & 0 \\ \rho v_2^2 & 0 & 0 & 0 \end{bmatrix}, B = \begin{bmatrix} 0 & 0 & 0 & 0 \\ 0 & 0 & 0 & \dfrac{1}{\rho} \\ 0 & \rho v_1^2 & 0 & 0 \\ 0 & \rho v_2^2 & 0 & 0 \end{bmatrix}$$

通过特征分析可以将 $A \dfrac{\partial U}{\partial x}$ 分解成左行波和右行波。矩阵 A 的特征值从大到小分别为 $\lambda_1 = v_1, \lambda_2 = 0, \lambda_3 = 0, \lambda_4 = -v_1$。$\lambda_1 = v_1$ 和 $\lambda_4 = -v_1$ 分别表示沿 x 轴负方向和正方向传播的准 P 波的特征速度。设 λ_i 所对应的特征向量为 $l_i (Al_i = \lambda_i l_i)$，$\Lambda_A$ 是矩阵 A 的相似对角矩

阵,矩阵 $\boldsymbol{P}$ 是由特征向量 $\boldsymbol{l}_i$ 组成的矩阵,则:

$$A = \boldsymbol{P}_A^{-1} \boldsymbol{\Lambda}_A \boldsymbol{P}_A$$

同理有:

$$B = \boldsymbol{P}_B^{-1} \boldsymbol{\Lambda}_B \boldsymbol{P}_B$$

设

$$\boldsymbol{\Lambda}_A = \boldsymbol{\Lambda}_A^+ + \boldsymbol{\Lambda}_A^-$$

$$\boldsymbol{\Lambda}_B = \boldsymbol{\Lambda}_B^+ + \boldsymbol{\Lambda}_B^-$$

$$(\boldsymbol{\Lambda}_A^+)_{ij} = \frac{(\boldsymbol{\Lambda}_A)_{ij} + |(\boldsymbol{\Lambda}_A)_{ij}|}{2}$$

$$(\boldsymbol{\Lambda}_A^-)_{ij} = \frac{(\boldsymbol{\Lambda}_A)_{ij} - |(\boldsymbol{\Lambda}_A)_{ij}|}{2}$$

$$(\boldsymbol{\Lambda}_A^+)_{ij} = \frac{(\boldsymbol{\Lambda}_B)_{ij} + |(\boldsymbol{\Lambda}_B)_{ij}|}{2}$$

$$(\boldsymbol{\Lambda}_A^-)_{ij} = \frac{(\boldsymbol{\Lambda}_B)_{ij} - |(\boldsymbol{\Lambda}_B)_{ij}|}{2}$$

则方程式(4-61)可以写成:

$$\frac{\partial \boldsymbol{U}}{\partial t} = (\boldsymbol{P}_A^{-1} \boldsymbol{\Lambda}_A^+ \boldsymbol{P}_A + \boldsymbol{P}_A^{-1} \boldsymbol{\Lambda}_A^- \boldsymbol{P}_A) \frac{\partial \boldsymbol{U}}{\partial x} + (\boldsymbol{P}_B^{-1} \boldsymbol{\Lambda}_B^+ \boldsymbol{P}_B + \boldsymbol{P}_B^{-1} \boldsymbol{\Lambda}_B^- \boldsymbol{P}_B) \frac{\partial \boldsymbol{U}}{\partial z}$$

将 $\boldsymbol{A} \dfrac{\partial \boldsymbol{U}}{\partial x}$ 分解成 $\boldsymbol{P}_A^{-1} \boldsymbol{\Lambda}_A^+ \boldsymbol{P}_A \dfrac{\partial \boldsymbol{U}}{\partial x}$ 和 $\boldsymbol{P}_A^{-1} \boldsymbol{\Lambda}_A^- \boldsymbol{P}_A \dfrac{\partial \boldsymbol{U}}{\partial x}$,它们分别描述了沿 x 轴负方向的左行准 P 波和沿 x 轴正方向传播的右行准 P 波。

因为 $\boldsymbol{P}_A^{-1} \boldsymbol{\Lambda}_A^- \boldsymbol{P}_A \dfrac{\partial \boldsymbol{U}}{\partial x} = 0$,可以吸收左边界处的边界反射,所以左边界处的边界条件为:

$$\frac{\partial \boldsymbol{U}}{\partial t} = \boldsymbol{A}^+ \frac{\partial \boldsymbol{U}}{\partial x} + \boldsymbol{B} \frac{\partial \boldsymbol{U}}{\partial z} \quad \text{(左边界)} \tag{4-62a}$$

同理可得:

$$\frac{\partial \boldsymbol{U}}{\partial t} = \boldsymbol{A}^- \frac{\partial \boldsymbol{U}}{\partial x} + \boldsymbol{B} \frac{\partial \boldsymbol{U}}{\partial z} \quad \text{(右边界)} \tag{4-62b}$$

$$\frac{\partial \boldsymbol{U}}{\partial t} = \boldsymbol{A} \frac{\partial \boldsymbol{U}}{\partial x} + \boldsymbol{B}^+ \frac{\partial \boldsymbol{U}}{\partial z} \quad \text{(顶边界)} \tag{4-62c}$$

$$\frac{\partial \boldsymbol{U}}{\partial t} = \boldsymbol{A} \frac{\partial \boldsymbol{U}}{\partial x} + \boldsymbol{B}^- \frac{\partial \boldsymbol{U}}{\partial z} \quad \text{(底边界)} \tag{4-62d}$$

式中,

$$\boldsymbol{A}^+ = \boldsymbol{P}_A^{-1} \boldsymbol{\Lambda}_A^+ \boldsymbol{P}_A = \frac{1}{2} \begin{bmatrix} v_1 & 0 & \frac{1}{\rho} & 0 \\ 0 & 0 & 0 & 0 \\ \rho v_1^2 & 0 & v_1 & 0 \\ \rho v_2^2 & 0 & \frac{v_2^2}{v_1} & 0 \end{bmatrix}, \boldsymbol{A}^- = \boldsymbol{P}_A^{-1} \boldsymbol{\Lambda}_A^- \boldsymbol{P}_A = \frac{1}{2} \begin{bmatrix} -v_1 & 0 & \frac{1}{\rho} & 0 \\ 0 & 0 & 0 & 0 \\ \rho v_1^2 & 0 & -v_1 & 0 \\ \rho v_2^2 & 0 & -\frac{v_2^2}{v_1} & 0 \end{bmatrix}$$

$$\boldsymbol{B}^{+}=\boldsymbol{P}_{B}^{-1}\boldsymbol{\Lambda}_{B}^{+}\boldsymbol{P}_{B}=\frac{1}{2}\begin{bmatrix} 0 & 0 & 0 & 0 \\ 0 & v_3 & 0 & \dfrac{1}{\rho} \\ 0 & \rho v_2^2 & 0 & \dfrac{v_2^2}{v_3} \\ 0 & \rho v_3^2 & 0 & v_3 \end{bmatrix}, \boldsymbol{B}^{-}=\boldsymbol{P}_{B}^{-1}\boldsymbol{\Lambda}_{B}^{-}\boldsymbol{P}_{B}=\frac{1}{2}\begin{bmatrix} 0 & 0 & 0 & 0 \\ 0 & -v_3 & 0 & \dfrac{1}{\rho} \\ 0 & \rho v_2^2 & 0 & -\dfrac{v_2^2}{v_3} \\ 0 & \rho v_3^2 & 0 & -v_3 \end{bmatrix}$$

对于角边界，$\boldsymbol{A}\dfrac{\partial \boldsymbol{U}}{\partial x}$ 和 $\boldsymbol{B}\dfrac{\partial \boldsymbol{U}}{\partial z}$ 均会产生边界反射。

在左上角边界，边界反射波相对于沿 x 轴正方向传播的右行准 P 波和沿 z 轴正方向传播的下行准 P 波，因此

$$\begin{cases} \boldsymbol{P}_{A}^{-1}\boldsymbol{\Lambda}_{A}^{-}\boldsymbol{P}_{A}\dfrac{\partial \boldsymbol{U}}{\partial x}=0 \\ \boldsymbol{P}_{B}^{-1}\boldsymbol{\Lambda}_{B}^{-}\boldsymbol{P}_{B}\dfrac{\partial \boldsymbol{U}}{\partial z}=0 \end{cases}$$

可以吸收左上角的边界反射波，左上角吸收边界条件为

$$\frac{\partial \boldsymbol{U}}{\partial t}=\boldsymbol{A}^{-}\frac{\partial \boldsymbol{U}}{\partial x}+\boldsymbol{B}^{+}\frac{\partial \boldsymbol{U}}{\partial z} \qquad （左上角） \tag{4-63a}$$

$$\frac{\partial \boldsymbol{U}}{\partial t}=\boldsymbol{A}^{-}\frac{\partial \boldsymbol{U}}{\partial x}+\boldsymbol{B}^{+}\frac{\partial \boldsymbol{U}}{\partial z} \qquad （右上角） \tag{4-63b}$$

$$\frac{\partial \boldsymbol{U}}{\partial t}=\boldsymbol{A}^{+}\frac{\partial \boldsymbol{U}}{\partial x}+\boldsymbol{B}^{-}\frac{\partial \boldsymbol{U}}{\partial z} \qquad （左下角） \tag{4-63c}$$

$$\frac{\partial \boldsymbol{U}}{\partial t}=A^{-}\frac{\partial \boldsymbol{U}}{\partial x}+\boldsymbol{B}^{-}\frac{\partial \boldsymbol{U}}{\partial z} \qquad （右下角） \tag{4-63d}$$

先考虑左边界，将式(4-60)中消去中间变量 σ_{xx} 和 σ_{zz}，并根据 $v_x = \partial u_x/\partial t$ 和 $v_z = \partial u_z/\partial t$ 可得：

$$\begin{cases} \dfrac{\partial^2 u_x}{\partial t^2}=v_1\dfrac{\partial^2 u_x}{\partial x \partial t}+\dfrac{v_2^2}{2}\dfrac{\partial^2 u_z}{\partial x \partial z} \\ \dfrac{\partial^2 u_z}{\partial t^2}=\dfrac{v_2^2}{v_1}\dfrac{\partial^2 u_x}{\partial x \partial z}+v_3^2\dfrac{\partial^2 u_z}{\partial z^2} \end{cases} \tag{4-64}$$

将平面波方程 $\boldsymbol{U}=\boldsymbol{A}\exp[i(k_x x+k_z z-\omega t)]$ 代入式(4-64)，可得到 Kelvin-Christoffel 方程：

$$\begin{bmatrix} v_1\omega k_x-\omega^2 & \dfrac{v_2^2}{2}k_x k_z \\ \dfrac{v_2^2}{v_1}\omega k_z & v_3^2 k_z^2-\omega^2 \end{bmatrix}\begin{bmatrix} A_x \\ A_z \end{bmatrix}=0 \tag{4-65}$$

该方程有非零解，其系数矩阵的行列式为 0，可以求得

$$\omega^4 = v_1\omega^3 k_x+v_3^2\omega^2 k_z^2-\frac{2v_1^2 v_3^2-v_2^4}{2v_1}\omega k_x k_z^2 \tag{4-66}$$

将式(4-66)两边乘以准 P 波波场的傅立叶变换 $p(k_x,k_y,k_z,\omega)$，同时对方程两边进行关于 k_x,k_y,k_z,ω 的反傅立叶变换，得到时空域的准 P 波波动方程边界处的吸收边界条件：

$$\frac{\partial^4 p}{\partial t^4}=v_1\frac{\partial^4 p}{\partial x \partial t^3}+v_3^2\frac{\partial^4 p}{\partial z^2 \partial t^2}-\frac{2v_1^2 v_3^2-v_2^4}{2v_1}\frac{\partial^4 p}{\partial x \partial z^2 \partial t} \qquad （左边界） \tag{4-67a}$$

同理,可以推导出准 P 波波动方程其他边界和角点的吸收边界条件:

$$\frac{\partial^4 p}{\partial t^4} = -v_1 \frac{\partial^4 p}{\partial x \partial t^3} + v_3^2 \frac{\partial^4 p}{\partial z^2 \partial t^2} + \frac{2v_1^2 v_3^2 - v_2^4}{2v_1} \frac{\partial^4 p}{\partial x \partial z^2 \partial t} \qquad （右边界）\qquad (4\text{-}67\text{b})$$

$$\frac{\partial^4 p}{\partial t^4} = v_1^2 \frac{\partial^4 p}{\partial x^2 \partial t^2} + v_3 \frac{\partial^4 p}{\partial z \partial t^3} - \frac{2v_1^2 v_3^2 - v_2^4}{2v_3} \frac{\partial^4 p}{\partial x^2 \partial z \partial t} \qquad （顶边界）\qquad (4\text{-}67\text{c})$$

$$\frac{\partial^4 p}{\partial t^4} = v_1^2 \frac{\partial^4 p}{\partial x^2 \partial t^2} - v_3 \frac{\partial^4 p}{\partial z \partial t^3} + \frac{2v_1^2 v_3^2 - v_2^4}{2v_3} \frac{\partial^4 p}{\partial x^2 \partial z \partial t} \qquad （底边界）\qquad (4\text{-}67\text{d})$$

$$\frac{\partial^4 p}{\partial t^4} = v_1 \frac{\partial^4 p}{\partial x \partial t^3} + v_3 \frac{\partial^4 p}{\partial z \partial t^3} - \frac{4v_1^2 v_3^2 - v_2^4}{4v_1 v_3} \frac{\partial^4 p}{\partial x \partial z \partial t^2} \qquad （左上角）\qquad (4\text{-}67\text{e})$$

$$\frac{\partial^4 p}{\partial t^4} = -v_1 \frac{\partial^4 p}{\partial x \partial t^3} + v_3 \frac{\partial^4 p}{\partial z \partial t^3} + \frac{4v_1^2 v_3^2 - v_2^4}{4v_1 v_3} \frac{\partial^4 p}{\partial x \partial z \partial t^2} \qquad （右上角）\qquad (4\text{-}67\text{f})$$

$$\frac{\partial^4 p}{\partial t^4} = v_1 \frac{\partial^4 p}{\partial x \partial t^3} - v_3 \frac{\partial^4 p}{\partial z \partial t^3} + \frac{4v_1^2 v_3^2 - v_2^4}{4v_1 v_3} \frac{\partial^4 p}{\partial x \partial z \partial t^2} \qquad （左下角）\qquad (4\text{-}67\text{g})$$

$$\frac{\partial^4 p}{\partial t^4} = -v_1 \frac{\partial^4 p}{\partial x \partial t^3} - v_3 \frac{\partial^4 p}{\partial z \partial t^3} - \frac{4v_1^2 v_3^2 - v_2^4}{4v_1 v_3} \frac{\partial^4 p}{\partial x \partial z \partial t^2} \qquad （右下角）\qquad (4\text{-}67\text{h})$$

将式(4-72)变换到频率域,就得到频率空间域波动方程的边界条件:

$$\omega^4 F + jv_1 \omega^3 \frac{\partial F}{\partial x} + v_3^2 \omega^2 \frac{\partial^2 F}{\partial z^2} + j\omega \frac{2v_1^2 v_3^2 - v_2^4}{2v_1} \frac{\partial^3 F}{\partial x \partial z^2} = 0 \qquad （左边界）\qquad (4\text{-}68\text{a})$$

$$\omega^4 F - jv_1 \omega^3 \frac{\partial F}{\partial x} + v_3^2 \omega^2 \frac{\partial^2 F}{\partial z^2} - j\omega \frac{2v_1^2 v_3^2 - v_2^4}{2v_1} \frac{\partial^3 F}{\partial x \partial z^2} = 0 \qquad （右边界）\qquad (4\text{-}68\text{b})$$

$$\omega^4 F + v_1^2 \omega^2 \frac{\partial^2 F}{\partial x^2} + jv_3 \omega^3 \frac{\partial F}{\partial z} + j\omega \frac{2v_1^2 v_3^2 - v_2^4}{2v_3} \frac{\partial^3 F}{\partial x^2 \partial z} = 0 \qquad （顶边界）\qquad (4\text{-}68\text{c})$$

$$\omega^4 F + v_1^2 \omega^2 \frac{\partial^2 F}{\partial x^2} - jv_3 \omega^3 \frac{\partial F}{\partial z} - j\omega \frac{2v_1^2 v_3^2 - v_2^4}{2v_3} \frac{\partial^3 F}{\partial x^2 \partial z} = 0 \qquad （底边界）\qquad (4\text{-}68\text{d})$$

$$\omega^4 F + jv_1 \omega^3 \frac{\partial F}{\partial x} + jv_3 \omega^3 \frac{\partial F}{\partial z} - \omega^2 \frac{4v_1^2 v_3^2 - v_2^4}{4v_1 v_3} \frac{\partial^2 F}{\partial x \partial z} = 0 \qquad （左上角）\qquad (4\text{-}68\text{e})$$

$$\omega^4 F - jv_1 \omega^3 \frac{\partial F}{\partial x} + jv_3 \omega^3 \frac{\partial F}{\partial z} + \omega^2 \frac{4v_1^2 v_3^2 - v_2^4}{4v_1 v_3} \frac{\partial^2 F}{\partial x \partial z} = 0 \qquad （右上角）\qquad (4\text{-}68\text{f})$$

$$\omega^4 F + jv_1 \omega^3 \frac{\partial F}{\partial x} - jv_3 \omega^3 \frac{\partial F}{\partial z} + \omega^2 \frac{4v_1^2 v_3^2 - v_2^4}{4v_1 v_3} \frac{\partial^2 F}{\partial x \partial z} = 0 \qquad （左下角）\qquad (4\text{-}68\text{g})$$

$$\omega^4 F - jv_1 \omega^3 \frac{\partial F}{\partial x} - jv_3 \omega^3 \frac{\partial F}{\partial z} - \omega^2 \frac{4v_1^2 v_3^2 - v_2^4}{4v_1 v_3} \frac{\partial^2 F}{\partial x \partial z} = 0 \qquad （右下角）\qquad (4\text{-}68\text{h})$$

对于左边界($1 \leqslant i \leqslant nx-1, j=0$),其中的导数项可写为:

$$\frac{\partial F}{\partial x} = \frac{F_{i,j+1} - F_{i,j}}{\Delta x}$$

$$\frac{\partial^2 F}{\partial z^2} = \frac{F_{i+1,j} - 2F_{i,j} + F_{i-1,j}}{\Delta z^2}$$

$$\frac{\partial^3 F}{\partial x \partial z^2} = \frac{F_{i+1,j+1} - 2F_{i,j+1} + F_{i-1,j+1} - F_{i+1,j} + 2F_{i,j} - F_{i-1,j}}{\Delta x \Delta z^2}$$

代入左边界方程式(4-68a),并合并同类项可得左边界的差分方程为[104-106]:

$$\left(\frac{v_3^2 \omega^2}{\Delta z^2} - j\omega \frac{2v_1^2 v_3^2 - v_2^4}{2v_1 \Delta x \Delta z^2} \right) F_{i-1,j} + j\omega \frac{2v_1^2 v_3^2 - v_2^4}{2v_1 \Delta x \Delta z^2} F_{i-1,j+1} + \left(\omega^4 - \frac{jv_1 \omega^3}{\Delta x} - \frac{2v_3^2 \omega^2}{\Delta z^2} + \right.$$

$$j\omega\frac{2v_1^2v_3^2-v_2^4}{v_1\Delta x\Delta z^2})F_{i,j}+(\frac{jv_1\omega^3}{\Delta x}-j\omega\frac{2v_1^2v_3^2-v_2^4}{v_1\Delta x\Delta z^2})F_{i,j+1}+(\frac{v_3^2\omega^2}{\Delta z^2}-j\omega\frac{2v_1^2v_3^2-v_2^4}{2v_1\Delta x\Delta z^2})F_{i+1,j}+$$

$$j\omega\frac{2v_1^2v_3^2-v_2^4}{2v_1\Delta x\Delta z^2}F_{i+1,j+1}=0 \tag{4-69a}$$

同理,可得右边界、顶边界、底边界、左上角、右上角、左下角和右下角的差分方程分别为

$$j\omega\frac{2v_1^2v_3^2-v_2^4}{2v_1\Delta x\Delta z^2}F(i-1,j-1)+(\frac{v_3^2\omega^2}{\Delta z^2}-j\omega\frac{2v_1^2v_3^2-v_2^4}{2v_1\Delta x\Delta z^2})F(i-1,j)+$$

$$(\frac{jv_1\omega^3}{\Delta x}-j\omega\frac{2v_1^2v_3^2-v_2^4}{v_1\Delta x\Delta z^2})F(i,j-1)+(\omega^4-\frac{jv_1\omega^3}{\Delta x}-\frac{2v_3^2\omega^2}{\Delta z^2}+j\omega\frac{2v_1^2v_3^2-v_2^4}{v_1\Delta x\Delta z^2})F(i,j)+$$

$$(\frac{v_3^2\omega^2}{\Delta z^2}-j\omega\frac{2v_1^2v_3^2-v_2^4}{2v_1\Delta x\Delta z^2})F(i+1,j)+j\omega\frac{2v_1^2v_3^2-v_2^4}{2v_1\Delta x\Delta z^2}F(i+1,j-1)=0 \tag{4-69b}$$

$$(\frac{v_1^2\omega^2}{\Delta x^2}-j\omega\frac{2v_1^2v_3^2-v_2^4}{2v_3\Delta x^2\Delta z})F(i,j-1)+(\omega^4-\frac{2v_1^2\omega^2}{\Delta x^2}-\frac{jv_3\omega^3}{\Delta z}+j\omega\frac{2v_1^2v_3^2-v_2^4}{v_3\Delta x^2\Delta z})F(i,j)+$$

$$(\frac{v_1^2\omega^2}{\Delta x^2}-j\omega\frac{2v_1^2v_3^2-v_2^4}{2v_3\Delta x^2\Delta z})F(i,j+1)+j\omega\frac{2v_1^2v_3^2-v_2^4}{2v_3\Delta x^2\Delta z}F(i+1,j-1)+$$

$$(\frac{jv_3\omega^3}{\Delta z}-j\omega\frac{2v_1^2v_3^2-v_2^4}{v_3\Delta x^2\Delta z})F(i+1,j)+j\omega\frac{2v_1^2v_3^2-v_2^4}{2v_3\Delta x^2\Delta z}F(i+1,j+1)=0 \tag{4-69c}$$

$$j\omega\frac{2v_1^2v_3^2-v_2^4}{2v_3\Delta x^2\Delta z}F(i-1,j-1)-(\frac{jv_3^3\omega}{\Delta z}+j\omega\frac{2v_1^2v_3^2-v_2^4}{v_3\Delta x^2\Delta z})F(i-1,j)+$$

$$j\omega\frac{2v_1^2v_3^2-v_2^4}{2v_3\Delta x^2\Delta z}F(i-1,j+1)+(\frac{v_1^2\omega^2}{\Delta x^2}+j\omega\frac{2v_1^2v_3^2-v_2^4}{2v_3\Delta x^2\Delta z})F(i,j-1)+(\omega^4-\frac{2v_1^2\omega^2}{\Delta x^2}+$$

$$\frac{jv_3\omega^3}{\Delta z}+j\omega\frac{2v_1^2v_3^2-v_2^4}{v_3\Delta x^2\Delta z})F(i,j)-(\frac{v_1^2\omega^2}{\Delta x^2}+j\omega\frac{2v_1^2v_3^2-v_2^4}{2v_3\Delta x^2\Delta z})F(i,j+1)=0 \tag{4-69d}$$

$$(\omega^4-\frac{jv_1^3\omega}{\Delta x}-\frac{jv_3\omega^3}{\Delta z}-\omega^2\frac{4v_1^2v_3^2-v_2^4}{4v_1v_3\Delta x\Delta z})F(i,j)+(\frac{jv_1\omega^3}{\Delta x}+\omega^2\frac{4v_1^2v_3^2-v_2^4}{4v_1v_3\Delta x\Delta z})F(i,j+1)+$$

$$(\frac{jv_3\omega^3}{\Delta z}+\omega^2\frac{4v_1^2v_3^2-v_2^4}{4v_1v_3\Delta x\Delta z})F(i+1,j)-\omega^2\frac{4v_1^2v_3^2-v_2^4}{4v_1v_3\Delta x\Delta z}F(i+1,j+1)=0 \tag{4-69e}$$

$$(\frac{jv_1\omega^3}{\Delta x}+\omega^2\frac{4v_1^2v_3^2-v_2^4}{4v_1v_3\Delta x\Delta z})F(i,j-1)+(\omega^4-\frac{jv_1\omega^3}{\Delta x}-\frac{jv_3\omega^3}{\Delta z}-\omega^2\frac{4v_1^2v_3^2-v_2^4}{4v_1v_3\Delta x\Delta z})F(i,j)-$$

$$\omega^2\frac{4v_1^2v_3^2-v_2^4}{4v_1v_3\Delta x\Delta z}F(i+1,j-1)+(\frac{jv_3\omega^3}{\Delta z}+\omega^2\frac{4v_1^2v_3^2-v_2^4}{4v_1v_3\Delta x\Delta z})F(i+1,j)=0 \tag{4-69f}$$

$$(\frac{jv_3\omega^3}{\Delta z}+\omega^2\frac{4v_1^2v_3^2-v_2^4}{4v_1v_3\Delta x\Delta z})F(i-1,j)-\omega^2\frac{4v_1^2v_3^2-v_2^4}{4v_1v_3\Delta x\Delta z}F(i-1,j+1)+(\omega^4-\frac{jv_1\omega^3}{\Delta x}-$$

$$\frac{jv_3\omega^3}{\Delta z}-\omega^2\frac{4v_1^2v_3^2-v_2^4}{4v_1v_3\Delta x\Delta z}F(i,j)+(\frac{jv_1\omega^3}{\Delta x}+\omega^2\frac{4v_1^2v_3^2-v_2^4}{4v_1v_3\Delta x\Delta z})F(i,j+1)=0 \tag{4-69g}$$

$$-\omega^2\frac{4v_1^2v_3^2-v_2^4}{4v_1v_3\Delta x\Delta z}F(i-1,j-1)+(\frac{jv_3\omega^3}{\Delta z}+\omega^2\frac{4v_1^2v_3^2-v_2^4}{4v_1v_3\Delta x\Delta z})F(i-1,j)+(\frac{jv_1\omega^3}{\Delta x}+$$

$$\omega^2\frac{4v_1^2v_3^2-v_2^4}{4v_1v_3\Delta x\Delta z})F(i,j-1)+(\omega^4-\frac{jv_1\omega^3}{\Delta x}-\frac{jv_3\omega^3}{\Delta z}-\omega^2\frac{4v_1^2v_3^2-v_2^4}{4v_1v_3\Delta x\Delta z})F(i,j)=0$$

$$\tag{4-69h}$$

4.5.2 完全匹配层衰减边界条件

尽管吸收边界条件对于小入射角时很有效,但当入射角变大时,它的精度就会降低。另外当泊松比大于 2.0 时,此方法会存在不稳定性问题。若在吸收边界的基础上,在边界上加载空间滤波器或者阻尼衰减层会收到更好的效果[93-95]。在海绵衰减边界方法中,从内部边界到外部边界的变化区域需要很厚并且光滑的衰减层[96]。J. P. Berenge(1994)从另外的角度给出了对截断边界的处理,提出了相应的完全匹配层(Perfectly Matched Layer)技术,简称 PML[57]。用 PML 方法构建衰减边界条件,即在一定宽度的匹配层内给波动方程的导数项前乘以一个衰减项(频率的函数),使传播到边界的入射波能量很低,边界反射波能量很弱。随后 PML 方法在有限差分和有限元正演模拟中得到了广泛应用。W. C. Chew(1996)证明完全匹配层法可以应用于二维 P 波、S 波耦合时的波场模拟[74]。C. M. Rappapport(1995)将 PML 法引入到各向异性介质中[75]。中国石油大学的王守东(2003)将 PML 吸收边界条件应用到了声波方程有限差分求解过程中[76]。吴国忱(2006)将 PML 法应用到频率域 VTI 和 TTI 介质的正演模拟中,并给出了令人满意的数值模拟结果[31]。

要应用完全匹配层,就需建立相应的波动方程,PML 法二维各向异性介质弹性波方程为:

$$C_{11} \frac{1}{e_x^2} \frac{\partial^2 u_x}{\partial x^2} + C_{55} \frac{1}{e_z^2} \frac{\partial^2 u_x}{\partial z^2} + 2C_{15} \frac{1}{e_x e_z} \frac{\partial^2 u_x}{\partial x \partial z} + 2C_{15} \frac{1}{e_x^2} \frac{\partial^2 u_z}{\partial x^2} + C_{35} \frac{1}{e_z^2} \frac{\partial^2 u_z}{\partial z^2} +$$

$$(C_{13} + C_{55}) \frac{1}{e_x e_z} \frac{\partial^2 u_z}{\partial x \partial z} = \rho \frac{\partial^2 u_x}{\partial t^2} \tag{4-70a}$$

$$C_{15} \frac{1}{e_x^2} \frac{\partial^2 u_x}{\partial x^2} + C_{35} \frac{1}{e_z^2} \frac{\partial^2 u_x}{\partial z^2} + (C_{13} + C_{55}) \frac{1}{e_x e_z} \frac{\partial^2 u_x}{\partial x \partial z} + C_{55} \frac{1}{e_x^2} \frac{\partial^2 u_z}{\partial x^2} + C_{33} \frac{1}{e_z^2} \frac{\partial^2 u_z}{\partial z^2} +$$

$$2C_{35} \frac{1}{e_x e_z} \frac{\partial^2 u_z}{\partial x \partial z} = \rho \frac{\partial^2 u_z}{\partial t^2} \tag{4-70b}$$

其中,$e_x = a_x - \frac{i\sigma_x}{\omega}$,$e_z = a_z - \frac{i\sigma_z}{\omega}$,在匹配层内,实数部分 a_x,a_z 为尺度因子,虚数部分起衰减作用;在非匹配层区域内,实数部分尺度因子 $a_x = a_z = 1$,虚数部分 $\sigma_x = 0$,$\sigma_z = 0$,即不发生衰减作用,上述方程可变成未加 PML 边界时的方程。

$$\sigma_x = \begin{cases} 2\pi a_0 f_0 (\frac{x_i}{L_{PML}})^2 & \text{(匹配区域)} \\ 0 & \text{(不匹配区域)} \end{cases}, \sigma_z = \begin{cases} 2\pi a_0 f_0 (\frac{z_i}{L_{PML}})^2 & \text{(匹配层区域)} \\ 0 & \text{(非匹配层区域)} \end{cases}$$

$$\tag{4-71}$$

式中,a_0 为一常数,经验值为 1.79;f_0 为振源主频;L_{PML} 为匹配层宽度;x_i 为网格点到匹配层与非匹配层边界的横向距离;z_i 为网格点到匹配层和非匹配层边界的纵向距离。

PML 匹配层吸收边界是加在所要研究区域的周围,如图 4-7 所示。ABCD 区域为所要研究的区域,区域 1,2,3 为匹配层区域。在区域 1 中,$\sigma_x \neq 0$;$\sigma_z \neq 0$,速度 v 等于角点的速度。在区域 2 中,$\sigma_x = 0$;$\sigma_z \neq 0$,速度 v 在 Z 方向上为常数,在 X 方向和边界的速度相等。在区域 3 中,$\sigma_x \neq 0$;$\sigma_z = 0$,速度 v 在 X 方向上为常数,在 Z 方向和边界的速度相等。这样在所要研究的区域周围都加上了匹配层,当波从区域内通过边界传播到完全匹配层时,不会产生反射,且按传播距离的指数规律衰减。

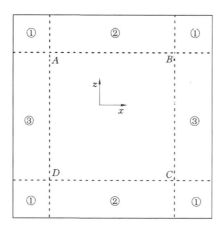

图 4-7　完全匹配层吸收边界示意图

4.5.3　边界条件的吸收衰减效果

为了验证吸收边界的吸收效果,设计了一个均匀的 VTI 介质模型,模型参数如下:$v_{p0} =$ 2 500 m/s,$\varepsilon = 0.189$,$\delta = 0.204$。模型网格为 101×101,空间网格 $\Delta x = \Delta z = 10$ m,时间采样间隔为 2 ms,采用主频为 50 Hz 的雷克子波作为震源子波,位于模型中心处,检波器放置在震源所在的水平线上,检波器间隔 1 m,共 100 个检波器。

图 4-8 为无边界的频率域单频波快照和 150 ms 时的时间域波前快照。图 4-9 是加了吸收边界的频率域单频波快照和 150 ms 时的时间域波前快照。图 4-10 是加了吸收边界和 PML 衰减边界的频率域单频波快照和 150 ms 时的时间域波前快照。从图 4-8、图 4-9 和图 4-10 可以看出未加边界条件时,边界反射很强,因为快速傅立叶变换中包含着周期性的边界条件,由此计算的波场有较强的周期性边界反射和一些假象,所以当没有加边界条件时转到时间域的波场基本看不到波前的影子。当加了吸收边界后,边界反射波能量大大减弱,但

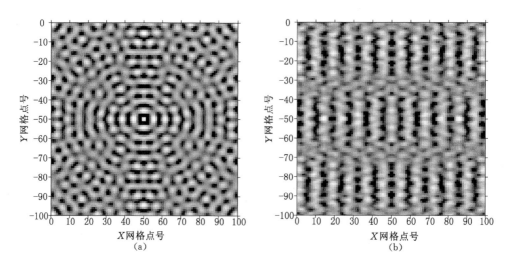

图 4-8　无边界时的单频波快照和时间域波前快照

(a) 频率域 50 Hz 单频波快照;(b) 150 ms 时间域波前快照

单频波快照上可看到抖动现象,时间域快照上仍然能清楚地看到噪音。当吸收边界和 PML 衰减边界都加上后,入射波的抖动现象基本消失,反射很弱。图 4-11 是加了吸收和 PML 衰减边界后的不同时刻(150 ms,200 ms,220 ms,250 ms)的时间域波前快照,图 4-12 是加了吸收和 PML 衰减边界后的模拟的检波器接收到的地震记录。从图 4-11 和图 4-12 中可以看出,当波前穿出边界时,基本看不到反射回来的能量,说明了边界处理的效果非常好。

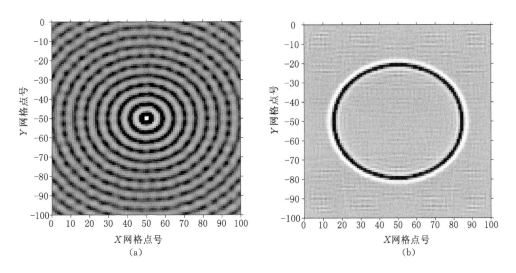

(a)   (b)

图 4-9   加吸收边界后的频率域单频波快照和时间域波前快照

(a) 频率域 50 Hz 单频波快照;(b) 150 ms 时间域波前快照

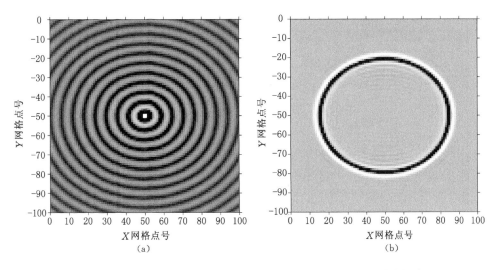

(a)   (b)

图 4-10   加吸收边界和 PML 衰减边界后的单频波快照和时间域波场快照

(a) 频率域 50 Hz 单频波快照;(b) 150 ms 时间域波场快照

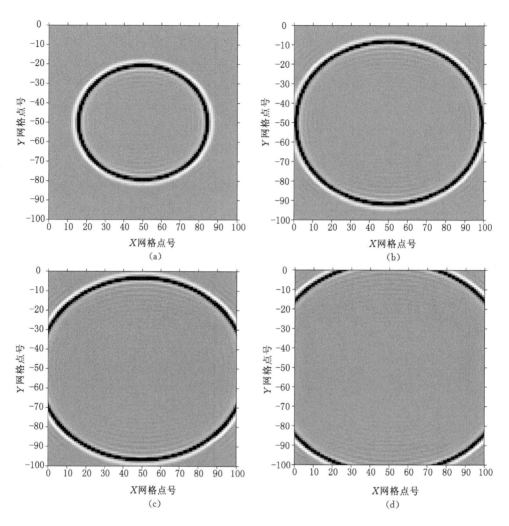

图 4-11　加组合边界后不同时刻波场快照

(a) 150 ms；(b) 200 ms；(c) 220 ms；(d) 250 ms

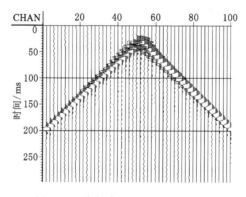

图 4-12　均匀介质共炮点地震记录

4.6 大型稀疏矩阵的压缩存储

在频率域正演模拟时,其计算是按照频率片对空间网格进行整体求解,当解特征值问题时,A 矩阵的大小为 $N_x^2 \cdot N_z^2$,其中 N_x 是 X 方向的网格点数,N_z 是 Z 方向的网格点数。如果采用 200×200 个网格,则解特征方程的矩阵系数 A 的大小为 $(200 \times 200)^2$,假设矩阵中的每个元素都存为 16 字节的双精度复数型数据,则整个矩阵对内存的要求为 $(200 \times 200)^2 \times 2 \times 16 = 41.2$ G,即使是采用单精度复型数据也需要 $(200 \times 200)^2 \times 2 \times 4 = 12.8$ G。很明显,这大的数据量超出了现在的多数计算机系统的能力。但是,矩阵 A 是大型带宽稀疏矩阵,只有主对角线附近的数据有意义,可以仅对这部分数据进行存储,其他的上三角和下三角值为零的区域可以不存储,这样就大大压缩了存储的空间。当采用 16 字节复数时,存储量可以压缩为 1.55 G,当采用单精度复数型可以压缩为 397.5 M,存储量约减小到原先的 3%,节约了大量的存储空间,采用列高斯主元消去法解线性方程组,可实现线性矩阵方程的计算机运算。现在的 32 位系统最大能认 3.5 G 内存,若换成 64 位系统,可大大增加系统内存的承载量,频率空间域正演就可以完成网格数量较多时的地质模型。

4.7 井间地震的波场特征分析

(1) 弹性和黏弹性介质水平层状模型

利用水平层状模型分别对弹性介质和黏弹性介质进行了井间地震波场的数值模拟试算。模型结构如图 4-13 所示,模型共有 5 层,水平层状介质模型的 X 方向范围从 0~1 000 m,Z 方向范围从 0~1 000 m,空间采样间隔 $\Delta x = \Delta z = 10$ m,模型网格 101×101。时间采样间隔 2.0 ms,采样主频为 50 Hz 的雷克子波作为震源,震源位置为 (0,500),接收线如图 4-13 中模型右端黑粗线所示。对于弹性介质模型参数见表 4-1,对于黏弹性介质模型参数见表 4-2。图 4-14 为水平层状介质模型弹性介质和黏弹性介质 50 Hz 单频波快照对比,从图上可以看出,其单频波

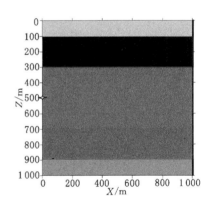

图 4-13 水平层状介质模型

快照在形态上是一样的,只是数值上不同,从图的灰度颜色深浅上可以看出在单频波快照上,黏弹性介质情况下的振幅值比弹性介质振幅值小,灰度颜色变浅。图 4-15(a) 为模拟生成的弹性介质准 P 波井间地震记录,图 4-15(b) 为模拟生成的粘弹性介质井间地震记录,从图中可以看出,同相轴在单位时间内波形变胖,说明频率降低,在图 4-16 和图 4-17 中也说明了这点。图 4-16(a)、图 4-16(b) 分别为弹性和黏弹性准 P 波井间地震记录的 FK 谱,从谱中可以看出弹性介质谱的能量超过 80 Hz,黏弹性介质谱的能量不到 80 Hz。图 4-17 显示的是模拟的弹性 VTI 和黏弹性 VTI 介质与震源深度相同的检波器接收的一道记录的频率振幅对比图,图 4-18 是是模拟的弹性 VTI 和黏弹性 VTI 介质离震源深度最远的一个检波器接收到的一道记录的频率振幅对比。对于图 4-17 和图 4-18,图中线 1 是整个地震记录

所有道的频率振幅平均值,线 2 是该道的频率振幅值。从这两张图中可以看出,对于同一道数据,在黏弹性介质模拟的记录的振幅明显比弹性介质中模拟的记录小得多,在黏弹性介质中,高频成分的震源明显降低,低频成分的震幅值降低的相对比较小,整个记录主频向低频移动。对比图 4-17(a)和图 4-18(a),可以看出,即使在同一弹性介质模型中,不同检波器所接收到的记录的振幅也降低很多,如最高振幅从 1 600 降至 800 左右,因为在弹性介质中,没有黏滞衰减,这是由于球面扩散引起的振幅衰减,其主频不发生变化[97-98]。

表 4-1 弹性介质模型参数表

层号	深度/m	v_p/ms	ρ/(g/cm³)	ε	δ
1	100	2 500	2.0	0	0
2	300	2 900	2.15	0	0
3	700	3 300	2.3	0.189	0.204
4	900	3 000	2.2	0	0
5	1 000	3 200	2.25	0.189	0.204

表 4-2 黏弹性介质模型参数表

层号	深度/m	v_p/ms	ρ/(g/cm³)	ε	δ	Q
1	100	2 500	2.0	0	0	80
2	300	2 900	2.15	0	0	90
3	700	3 300	2.3	0.189	0.204	100
4	900	3 000	2.2	0	0	95
5	1 000	3 200	2.25	0.189	0.204	90

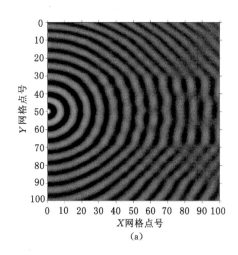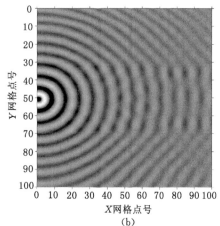

图 4-14 水平层状介质模型 50 Hz 单频波快照对比

(a) 弹性介质;(b) 黏弹性介质

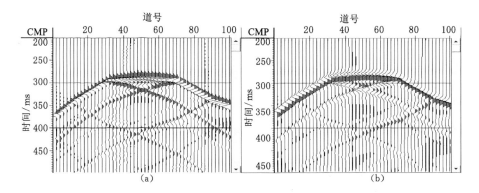

图 4-15　弹性和黏弹性介质准 P 波井间地震记录的对比

(a) 弹性介质；(b) 黏弹性介质

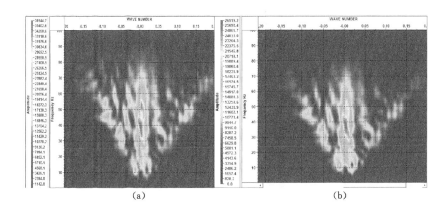

图 4-16　弹性和黏弹性准 P 波井间地震记录的 FK 谱的对比

(a) 弹性介质；(b) 黏弹性介质

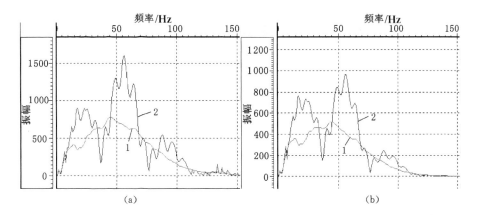

图 4-17　弹性和黏弹性震源深度处检波器接收（中间道）记录的频率振幅图的对比

(a) 弹性介质；(b) 黏弹性介质

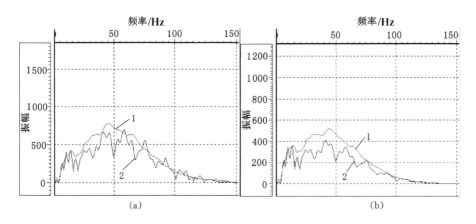

图 4-18　弹性和黏弹性远离震源检波器接收(首道)记录的频率振幅图的对比
(a) 弹性介质;(b) 黏弹性介质

(2) 弹性和黏弹性介质断层模型

断层模型如图 4-19 所示,弹性介质模型参数见表
4-3,黏弹性介质模型参数见表 4-4。采用主频为 50
Hz 的雷克子波作为震源,震源位于左边图 4-19 中星
号所示位置,坐标为(0,500)。检波器位于右边 $X=$
1 000 m处的一条垂直线上,如图中黑线所示。模拟
所用的参数:空间采样间隔 10 m,时间采样间隔 2
ms,在利用频率域 25 点差分模拟的弹性介质和黏弹
性介质的井间地震记录见图 4-20(a)和图 4-20(b)。
图4-20(a)和图 4-20(b)断层反射特征与图 2-15 相似,
上行反射波在断层处同相轴发生分叉,出现多路径问
题。图 4-21 是弹性和黏弹性远离震源检波器接收(末

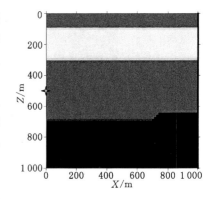

图 4-19　断层模型

道)记录的频率振幅图的对比,从图中可以看出,黏弹性介质高频成分的振幅衰减量很大,从
1 300 降到 600,主频也向低频移动。线 1 为整个地震记录所有道的频率振幅平均值,线 2
为该道的频率振幅值。

表 4-3　　　　　　　　　　　　　　　　弹性介质模型参数表

层号	深度/m	v_p/ms	$\rho/(g/cm^3)$	ε	δ
1	100	3 415	2.4	0.478	0.399
2	300	3 687	2.5	0.478	0.399
3	700	4 113	2.6	0.478	0.399
4	900	4 513	2.7	0.478	0.399
5	1 000	4 855	2.8	0.478	0.399

表 4-4 黏弹性介质模型参数表

层号	深度/m	v_p/ms	ρ/(g/cm³)	ε	δ	Q
1	100	3 415	2.4	0.478	0.399	80
2	300	3 687	2.5	0.478	0.399	90
3	700	4 113	2.6	0.478	0.399	100
4	900	4 513	2.7	0.478	0.399	95
5	1 000	4 855	2.8	0.478	0.399	90

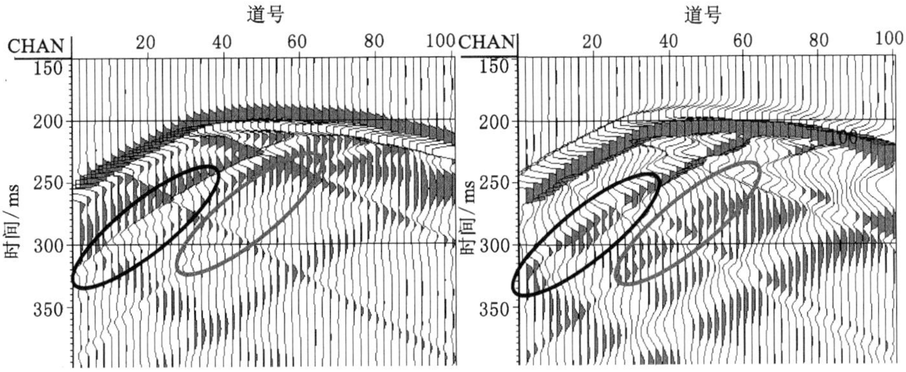

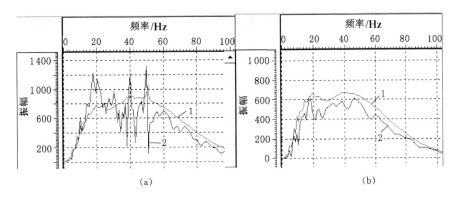

图 4-20 弹性和黏弹性准 P 波井间地震记录的对比

(a) 弹性介质;(b) 黏弹性介质

图 4-21 弹性和黏弹性远离震源检波器接收(末道)记录的频率振幅图的对比

(a) 弹性介质;(b) 黏弹性介质

(3) 大庆葡 33 井区某炮共炮点道集的模拟

根据葡 33 井区一对井的实际井间地震资料建立的地质模型参数见第 3 章表 3-4。图 4-22(a)是频率空间域 25 点优化差分算法模拟的井间地震准 P 记录的剖面,其模拟参数:时间采样间隔 0.5 ms,空间采样间隔 3 m。震源子波采用 80 Hz 的雷克子波。图 4-22(b)是利用交错网格模拟的 Z 分量剖面,其模拟参数分别为:时间采样间隔 0.25 ms,空间采样间隔 3 m,震源震源子波采用 80 Hz 的雷克子波。由于频率空间域对矩阵是整体求解,占用很大的内存量,受机器性能限制,在空间采样间隔相同的情况下,时间采样间隔仅能达到0.5 ms 采样。从图 4-22(a)和图 4-22(b)图对比可以看出这两幅图在 P 波直达波、P 上行反射波和下行反射波的时间对应关系都是一样的,但图 4-22(a)中,由于仅有准 P 波的信息,所以波形相对简单,易于辨认波场。图 4-22(a)比图 4-22(b)中分辨率稍低一些,这些是由于时间采样间隔是图 4-22(b)中采用的时间间隔的 2 倍,随着电脑设备的更新,内存量达到机器的要求时,分辨率的问题也就解决了。

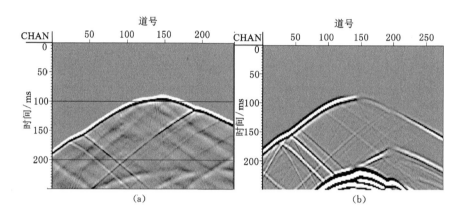

图 4-22 两种方法模拟结果的比较

(a) 优化差分算法模拟结果;(b) 交错网格有限差分算法模拟结果

4.8 本章小结

井间地震记录中横波的能量很强,严重干扰甚至掩盖了纵波的信息,为了更好地认识井间地震纵波波场,需要作仅存在 q_P 波的各向异性介质的波场的模拟。虽然各向异性介质中 q_P 波波动方程相对于弹性波波动方程比较简单,但是它非常精确地描述了 q_P 波在各向异性介质中的波动特征。因此,对 VTI 介质 q_P 波井间地震正演模拟,对于人们认识 q_P 波在VTI 介质中的传播规律,识别井间地震的复杂波场,进行实际井间地震资料的处理,地质解释和储层预测等方面,均具有重要的意义。

频率域方法被证明相对于时间域算法更易于求解,这是因为对于弹性波动方程来说,时间域处理需要进行卷积处理,这样会大大加大计算的复杂度,而频率域是乘因子,相对简单,更为重要的是,时间域算法的误差会逐渐累积,导致计算精度降低。

本章详细介绍了 q_P 波动方程频率空间域有限差分数值模拟和加黏滞衰减系数的 q_P 波动方程频率空间域数值模拟解法,并根据特征分析方法与 Christoffel 方程推导 q_P 方程有限差分解法的吸收边界条件。另外,为了在保证精度的情况下尽量减小所需的网格点数,采用了 25 点优化权系数的算法。25 点优化差分算法和 9 点差分算法相比,25 点差分算法具有减小频散的作用。

频率空间域数值模拟主要的困难是解大型矩阵方程时要求巨量的内存($(N_x \cdot N_z)^2$,N_x 是 X 方向的网格数,N_z 是 Z 方向的网格数),否则这种数值模拟方法就是再好也无法用。为此,本章给出了大型稀疏带状矩阵的压缩存储方法和相应的大型稀疏带状矩阵的解法。

频率空间域数值模拟每个频率片可以独立计算,但是在转到时间域时,仍然要受离散傅立叶规律的制约。为此本章给出了利用傅立叶变换的周期性和共轭对称性计算频率域波场的方法。

频率空间域正演模拟中,衰减系数是频率的函数,可较容易实现黏弹性正演模拟。通过对弹性和黏弹性 VTI 介质中 q_P 波井间地震正演模拟结果的对比,得出黏弹性介质地震记录由于衰减,振幅相对较小,高频吸收比低频多,主频相对较低。

5 结 论

井间地震波场十分丰富且复杂,这是井间地震的优点,也是井间地震的难点。识别井间地震资料观测到的复杂的波场,分析井间地震资料上各种主要类型波的传播特征是井间地震资料采集设计、井间地震资料处理、井间地震资料解释以及井间地震资料应用的前提[113,114]。所以,研究井间地震观测的波场的传播规律和波场变化特征,是发展井间地震技术的基础,具有重要的意义。

地面地震波场数值模拟方法有很多种,原则上都可以用于模拟井间观测的地震波场,但是由于井间地震波场具有某些与地面地震波场不同的特点,因而数值模拟方法也有不同的要求和重点,例如:井间地震波场分辨率高,要求精细地模拟;井间地震井下观测,要求全空间的模拟;波场复杂多样,要求多波多分量观测和模拟;波场的各向异性明显,要考虑波场的各向异性;为了更真实地模拟出符合实际资料的地震合成记录,还要求考虑非弹性衰减和多孔介质情况下的波场等。高分辨率地、精细地数值模拟各向异性、非弹性等实际介质中井间地震的波场也是当前包括地面地震在内的地震波传播问题研究的热点。

5.1 井间地震数值模拟方法的研究成果

本书在井间地震数值模拟方法的研究方面取得了以下成果:

① 改进了突变点加插值的射线追踪方法,可以模拟黏弹性介质的波场。将其应用于井间地震波场的数值模拟,使其能快速地连续追踪弹性不均匀介质中井间地震观测的直达纵波、直达横波、上行反射纵波、上行反射横波、下行反射纵波、下行反射横波、P—S转换波、S—P转换波以及井间地震观测到的主要干扰波—井筒波的射线路径,并同时计算相应的旅行时和射线振幅,能合成井间地震各类波的垂直分量和水平分量记录。该方法具有快速省时的特点,能迅速生成多炮多道的井间地震数据,能选排成不同的道集,分析不同道集中波的传播特点。

② 发展了交错网格高阶有限差分井间地震三分量数值模拟方法。在前人所做的二维二分量(X和Z分量)数值模拟工作为基础上,自己独立推导了Y分量的交错网格高阶差分方程、边界条件和数值解法,从而将原来的2D波场数值模拟发展为2.5维波动方程数值模拟,真正实现了各向异性介质中三分量观测的井间地震波场的数值模拟,从而能更清楚地识别出快纵波、慢纵波、快横波和慢横波,能更清楚地分析各类波的走时、传播速度和偏振特性,完善了井间地震波场的交错网格高阶有限差分数值模拟方法。

③ 发展了交错网格高阶有限差分方法为黏弹性波动方程的正演模拟,可以模拟黏弹性介质情况下的波场。可以模拟出更接近于野外实际的带有衰减的地震记录。

④ 发展了频率空间域井间地震波场数值模拟方法。在前人研究的频率空间域各向异性准P波波场数值模拟方法的基础上,详细推导了频率空间域准P波波动方程及其频率空

间域有限差分数值模拟中的算法公式,给出了黏弹各向异性介质中的频率空间域准 P 波波动方程及其频率空间域有限差分数值模拟中的算法公式,研发了弹性、黏弹性 VTI 介质中准 P 波的频率空间域数值模拟软件,将其应用于井间地震正演模拟,从而能更接近井间实际地模拟各向同性、各向异性准 P 波的波场。

⑤ 研究了频率空间域有限差分数值模拟算法实现中的关键技巧。改进了大型稀疏带状矩阵的解法,解决了存储空间不够和计算时间过长的问题,从而在高档微机上能实现频率空间域有限差分数值模拟;解决了利用傅立叶变换的周期性和共轭对称性计算频率域波场的问题。

⑥ 研究了井间地震波场数值模拟的建模方法。给出了根据测井资料和实际井间地震资料,计算各向异性系数,建立与井间地震资料相符合的弹性各向同性、弹性各向异性及黏弹各向同性和黏弹各向异性的均匀模型、水平层状模型和断层模型的建模方法;给出了利用各向异性 Thomsen 参数建立弹性各向同性和弹性各向异性模型的方法;还给出了品质因子随地层变化的黏弹各向同性和黏弹向异性的建模方法。

5.2　井间地震波场特征的研究成果

本书在井间地震波场特征研究方面取得了以下的研究成果:

① 在射线追踪数值模拟单层界面共炮点道集波场的基础上,详细分析了共炮点道集中观测到的几种主要类型的波的传播特点,并给出了相应的时深关系解析公式;模拟了多炮多道的井间地震记录,分别在共炮点道集、共接收点道集、共中心点道集和共偏移距道集中分析了直达波、反射波、井筒波的传播特点;模拟了多层水平层状地质模型、断层模型,分析和识别这些模型井间地震复杂波场中的各种类型的波,获得了与实际地震记录吻合的井间地震剖面。

② 针对井间几种典型的地质模型,利用交错网格高阶有限差分数值模拟方法,模拟了井间横向各向同性介质中的三分量记录,分析理论模型的波场特征,并根据测井曲线和实际井间地震数据建立相应的地质模型,基于交错网格高阶有限差分模拟的各向异性(VTI)介质的井间地震记录与实际地震记录基本一致,由此对比分析了实际地震记录中的快纵波、慢纵波、快横波和慢横波的传播规律。分析了各向异性系数与波场传播特征之间的关系。

③ 利用射线法、时间—空间域及频率空间域模拟方法和软件,针对井间几种典型的地质模型,模拟了井间横向各向同性介质和粘弹各向同性介质中的准 P 波记录,对比分析了加黏滞项和不加黏滞项的模拟结果,分析有黏滞和无黏滞时的地震波场的特征。

5.3　井间地震波场数值模拟软件的研究成果

① 改善了突变点加插值射线追踪数值模拟的软件,能快速地连续追踪弹性不均匀介质中井间地震观测的主要类型的波,能有选择地控制模拟某个界面和某种单一类型的波。

② 研发了黏弹介质突变点加插值射线追踪数值模拟的软件,能快速地连续追踪黏弹介质中井间地震观测的主要类型的带衰减特性的波,能有选择地控制模拟某个界面和某种单一类型的波。

③ 研发了适应于弹性介质交错网格高阶有限差分井间地震三分量数值模拟的软件。

④ 研发了适应于黏弹性介质交错网格高阶有限差分井间地震数值模拟的软件。

⑤ 研发了频率空间域井间地震波场数值模拟软件,能模拟井间弹性介质和井间黏弹性介质的波场。

⑥ 研发了由测井、地质、野外记录等综合建模的方法及软件。

参 考 文 献

[1] 朱光明.垂直地震剖面[M].北京:石油工业出版社,1992.

[2] 宋建国.井间地震技术综述[J].世界石油科学,1997,81(2):7-13.

[3] ASAKAWA E,KAWANAKA T. Seismic ray tracing using linear traveltime interpolation[J].Geophysical prospecting,1993(44):99-101.

[4] RECTOR J W,LAZARATOS S K,HARRIS J M. et al. Multidomain analysis and wavefiled separation of cross-well seismic data[J].Geophysics,1994,59(1):27-35.

[5] SCHAACK M V,HARRIS J M,RECTOR J W. High-resolution crosswell imaging of a west Texas carbonate reservoir:Part 2-Wavefield modeling,and analysis [J]. Geophysics,1995,60(3):682-691.

[6] 杜光升,叶夏根,乔文孝.井间声波场有限差分模拟[J].声学技术,2000(3):156-157.

[7] 孔庆丰.井间地震波场数值模拟技术研究与应用[J].勘探地球物理进展,2006,29(5): 333-336.

[8] 何惺华.井间地震资料中的横波信息[J].石油物探,2003,42(3):374-378.

[9] 何惺华.井间地震资料中的反射波分析[J].油气地球物理,2005,3(4):1-8.

[10] 杜世通.井间地震观测数据模拟和偏移的有限单元法[J].油气地球物理,2004,2(4): 78-82.

[11] MORA P. Modeling anisotropic seismic waves in 3-D:59th ANN. Internat Mtg. ,Soc. Expl. Geophys[J].Expanded Abstracts,1989(9):103-104.

[12] TSINGS C,VAFIDIS A. Elastic wave propogation in transversely isotropic media using finite difference[J].Geophysical Prospecting,1900(38):933-949.

[13] IGEL H,MORA P,RIOLLET B. Anisotropic wave propagation through finite-difference grids[J].Geophysics,1995,60(4):1203-1261.

[14] KOSLOFF D. Propagation modeling in elastic anisotropic media[J]. Symposium of the SEG,1989,58,SM1.1

[15] CARCIONE S P,BROWN R J,LAWTON D C. Orthorhombic anisotropy:A physical modeling study[J].Geophysics,1991,56(10):1603-1613.

[16] 何樵登,张中杰.横向各向同性介质中地震波及其数值模拟[M].吉林:吉林大学出版,1996.

[17] 牛滨华,孙春岩.方位界面及其波场数值模拟[J].石油地球物理勘探,1994,29(6): 685-694.

[18] 牛滨华,何樵登,孙春岩.裂隙各向异性介质波场VSP多分量记录的数值模拟[J].地球物理学报,1995,38(4):519-527.

[19] 牛滨华,王海君,沈操.实用P波速度各向异性提取的一种方法研究[R].[s.l.]:

[s. n.],1998:73-74.

[20] 侯安宁,何樵登.各向异性介质中弹性波动高阶差分法及其稳定性的研究[J].地球物理学报,1995,38(2):243-251.

[21] 张美根.各向异性弹性波正反演问题研究[D].北京:中国科学院地质与地球物理研究所,2000.

[22] 董良国,马在田,曹景忠.一阶弹性波方程交错网格高阶差分法稳定性研究[J].地球物理学报,2000,43(6):856-864.

[23] 张文波.井间地震交错网格高阶差分数值模拟及逆时偏移成像研究[D].西安:长安大学,2005.

[24] LYSMER J,DRAKE L A. A finite-element method for seismology,in Bolt,B. A.,Ed.,Meth- ods in computational physics,Vol. 11:Seismology:Surface waves and earth oscillations:Acade- mic press Inc.[C].[s. l.]:[s. n.]:2006.

[25] MARFURT K J. Accuracy of finite-difference and finite-element modeling of scalar and elastic wave equations[J]. Geophysics,1984,49(5):533-549.

[26] PRATT R G,WORHINGTON M H. Inverse theory applied to multi-source crosshole tomography:Acoustic wave-equation method[J]. Geophys. Prosp.,1990(38):287-310.

[27] PRATT R G. Frequency-domain elastic wave modeling by finite differences:A tool for crosshole seismic imaging[J]. Geophysics,1990,55(5):626-632.

[28] JO C H,SHIN C,SUH J H. An optimal 9-point finite-difference frequency space 2-D scalar wave extrapolator[J]. Geophysics,1996,61(2):529-537.

[29] SHIN C,SOHN H. A frequency-space 2-D scalar wave extrapolator using extended 25-point finite-difference operators[J]. Geophysics,1998,63(1):289-296.

[30] 吴国忱,梁锴.VTI介质频率-空间域准P波正演模拟[J].石油地球物理勘探,2005,40(5):535-545.

[31] 吴国忱.各向异性介质地震波传播和成像[M].东营:中国石油大学出版社,2006.

[32] CARCIONE J M,et al. Wave propagation simulation in a linear viscoelastic medium:Geophys.[J]. J. Roy. Astr. Soc. 1988,95(4):597-611.

[33] CARCIONE J M. Modeling anelastic singular surface waves in the earth[J]. Geophysics,1992,57(6):781-792.

[34] CARCIONE J M. Constitutive model and wave equations for linear,viscoelastic,anisotropic media[J]. Geophysics,1995,60(2):537-548.

[35] STEKL I,PRATT R G. Accurate viscoelastic modeling by frequency-domain finite differ-rence using rotated operators[J]. Geophyscics,1998,63(5):1779-1794

[36] 宋常瑜,裴正林.井间地震粘弹性波场特征的数值模拟研究[J].石油物探,2006,45(5):508-513.

[37] 阴可,杨慧珠.各向异性介质中的AVO[J].地球物理学报,1998,41(3):382-391.

[38] 董良国.弹性波数值模拟中的吸收边界条件[J].石油地球物理勘探,1999,34(1):45-56.

［39］MARFURT K J，SHIN C. The future of iterative modeling in geophysical exploration，in Eisner，E.，Ed.，Handbook of geophysical exploration：I-seismic exploration，Vol. 21：Supercomputers in seismic exploration［M］. Oxford：Pergamon Press，2010.

［40］SHIN C. Nonlinear elastic wave inversion by blocky parameterization：Ph. D. hesis，Univ. of Tulsa［C］.［s. l.］：[s. n.]：2006.

［41］PRATT R G. Inverse theory applied to multi-source crosshole tomography，part Ⅱ：Elastic wave-equation method［J］. Geophys. Prosp.，1990(38)：287-310.

［42］瑞克 N. H. 粘弹性介质中的波［M］. 许云，译. 北京：地质出版社，1981.

［43］阎贫，何继善. 横向各向同性粘弹性介质中的地震波［J］. 石油物探，1992，31(4)：23-34.

［44］宋常瑜，裴正林. 井间地震粘弹性波场特征的数值模拟研究［J］. 石油物探，2006，45(5)：508-513.

［45］郭智奇，刘财，杨宝俊，等. 粘弹各向异性介质中地震波场模拟与特征［J］. 地球物理学进展，2007，22(3)：804-810.

［46］杜启振，刘莲莲，孙晶波. 各向异性粘弹性空隙介质地震波场伪谱法正演模拟［J］. 物理学报，2007，56(10)：6143-6148.

［47］蒋先艺，刘贤功，宋葵. 复杂构造模型正演模拟［M］. 北京：石油工业出版社，2005.

［48］朱光明，曹建章. 高斯射线束合成记录［M］. 西安：西北工业大学出版社，1993.

［49］朱光明，突变点加插值射线追踪. 孙枢主编，理论与应用地球物理进展［C］. 北京：气象出版社，2002：255-259.

［50］罗大清，宋炜，吴律. 一种有效的处理模型角点反射的方法［J］. 石油物探，2000，39(4)：26-31.

［51］RENOLDS A C. Boundary conditions for the numerical solutions of wave propagation problems［J］. Geophysics，1978，43(6)：1099-1110.

［52］CLAYTON R，ENGQUIST B. Absorbing boundary conditions for acoustic and elastic wave equation［J］. Bull. Seis. Soc. Am.，1977，67：1529-1540.

［53］董良国. 地震波数值模拟与反演中几个关键问题研究［D］. 上海：同济大学，2003.

［54］CERJAN C，KOSLOFF D，KOSLOFF R，et al. A nonreflectiong boundary condition for discrete acoustic and elastic wave equations［J］. Geophysics，1985，50(4)：705-808.

［55］ENGQUIST B，MAJDA A. Absorbing boundary conditions for the numerical simulation of waves［J］. Math. Comput，1977，32：313-357.

［56］SHIN C. Sponge condition for frequency-domain modeling［J］. Geophysics，1995，60(6)：1870-1874.

［57］BERENGER J P. Aperfectly matched layer for absorption of electromagnetic waves［J］. J. Com- put Phys.，1994(114)：185-200.

［58］马在田. 地震成像技术-有限差分法偏移［M］. 北京：石油工业出版社，1989.

［59］SENA A G. Seismic traveltime equations for azimuthaly anisotropic and isotropic media：Estimation of interval elastic properties［J］. Geophysics，1991，56(12)：

2090-2101.

［60］ LEON THOMSEN. Weak elastic anisotropy［J］. Geophysics, 1986, 51（10）: 1954-1966.

［61］杜世通. 地震波动力学［M］. 东营:石油大学出版社, 2003.

［62］ALKHALIFAH T. Acoustic approximation for processing in transversely isotropic media［J］. Geophysics, 1998, 63(2):623-631.

［63］ALKHALIFAH T. An acoustic wave equation for anisotropic media［J］. Geiophysics, 2000, 65(4):1239-1250.

［64］ ALKHALIFAH T. An acousitic wave equation for orthorhombic media ［J］. Geophysics, 2003, 68(4):1169-1172.

［65］ MIN D-J, SHIN C, et al. Improved frequency domain elastic wave modeling using averageing difference operators［J］. Geophysics, 2000, 65(3):884-895.

［66］PETER DEUFLHARD. Newton methods for nonlinear problems: Affine invariance and adaptive algorithms(影印版)［M］. 北京:科学出版社, 2006.

［67］徐成贤, 陈志平, 李乃成. 近代优化方法［M］. 北京:科学出版社, 2002.

［68］何振亚. 自适应信号处理［M］. 北京:科学出版社, 2002.

［69］吴国忱, 梁锴. VTI 介质 qP 波方程高精度有限差分算子［J］. 地球物理学进展, 2007, 22(3):896-904.

［70］殷文, 印兴耀, 吴国忱, 等. 高精度频率域弹性波方程有限差分方法及波场模拟［J］. 地球物理学报, 2006, 49(2):561-568.

［71］YIN W, YIN X Y, WU G C, et al. The method of finite difference of high precision elastic wave equations in the frequency domain and wave-field simulation［J］. Chinese J. Geophys. , 2006, 49(2):561-566.

［72］吴国忱, 梁锴. VTI 介质准 P 波频率空间域组合边界条件研究［J］. 石油物探, 2005, 44(4):301-307.

［73］夏凡, 董良国, 马在田. 三维弹性波数值模拟中的吸收边界条件［J］. 地球物理学报, 2004, 47(1):132-136.

［74］CHEW W C, LIU Q H. Perfectly matched layers for elastodynamics: A new absorbing boundary condition［J］. J. Comp. Acoust. , 1996(4):341-359.

［75］ RAPPAPORT C M. Perfectly matched absorbing boundary conditions based on anisotropic lossy mapping of space［J］. IEEE Micorwave Guided Wave Lett, 1995(5): 90-92.

［76］王守东. 声波方程完全匹配层吸收边界［J］. 石油地球物理勘探, 2003, 38(1):31-34.

［77］吴建平, 王正华, 李晓梅. 稀疏线性方程组高效求解与并行计算［M］. 长沙:湖南科学技术出版社, 2004.

［78］刘长学. 超大规模稀疏矩阵计算方法［M］. 上海:上海科学技术出版社, 1990.

［79］刘万勋, 刘长学. 大型稀疏线性方程组的解法［M］. 北京:国防工业出版社, 1981.

［80］黄凯, 等. 地震波能量的衰减及其影响因素［J］. 新疆石油地质, 1997, 18(3):212-217.

［81］刘建华, 等. 地震波衰减的物理机制研究［J］. 地球物理学进展, 2004, 19(1):1-7.

[82] 陆基孟. 地震勘探原理[M]. 第二版. 东营：石油大学出版社，1993.

[83] 云美厚. 地震分辨率[J]. 勘探地球物理进展，2005，28(1)：12-18.

[84] RALPH W. KNAPP. Vertical resolution of thick beds，thin beds，and thin-bed cyclothems[J]. 中译文：石油物探译丛，1991(3)：26-35.

[85] 李庆忠. 走向精确勘探的道路——高分辨率地震勘探系统工程剖析[M]. 北京：石油工业出版社，1994.

[86] 马在田. 反射地震成像分辨率的理论分析[J]. 同济大学学报，2005，33(9)：1144-1153.

[87] WIDESS M B. How thinisa thin bed[J]. Geophysics，1973，38(8)：1176-1254.

[88] 杨文采. 岩石的年弹性谐振 Q 模型[J]. 地球物理学报，1987，30(3)：399-411.

[89] WINKLER K，NUR A. Pore fluid sand seismic attenuation in rocks[J]. Geophy. Res. Lett.，1979(6)：1-4.

[90] 徐果明. 岩石的饱和度对地震波衰减的影响[J]. 地震地磁观测与研究，1985(6)：125-127.

[91] 门福录. 波在饱水孔隙、弹性介质中的传播[J]. 地球物理学报，1965，14(3)：2-6.

[92] 门福录. 波在饱和流体的孔隙介质中的传播问题[J]. 地球物理学报，1981，24(1)：65-76.

[93] 门福录. 地震波在含水层中的弥散和耗散[J]. 地球物理学报，1984，27(4)：64-73.

[94] 唐建人，李勤学，等. 高分辨率地震勘探理论与实践[M]. 北京：石油工业出版社，2001.

[95] KENNETH W. Winkler and Amos Nur. Seismic attenuation：Effect of pore fluid sand frictional sliding[J]. Geophysics，1982(47)：1-15.

[96] JACKSON D D，ANDERSON D L. Physical mechanisms of seismic wave Attenuation [J]. Reviews of Geophysics and Space Physics，1970(8)：1-63.

[97] TOKSOZ M N，JOHNSTON D H，TIMUR A. Attenuation of Seismic waves in dry and saturate drocks II. Laboratory measurements [J]. Geophysics，1979，44(4)：681-690.

[98] ANDERSON D L，MENAHEN A B，ARCHAMBEAU C B. Attenuation of seismic energy in the upper mantle[J]. Journal of Geophysical Research，1965，70(6)：1441-1448.

[99] 席道瑛，刘斌. 孔隙流体饱和砂岩的衰减与频率的相关性[J]. 石油地球物理勘探，1998；33(1)：66-77.

[100] 席道瑛，邱文亮. 饱和多孔岩石的衰减与孔隙率和饱和度的关系[J]. 石油地球物理勘探，1997；32(2)：196-201.

[101] 席道瑛，刘爱文. 低频条件下饱和流体砂岩的衰减研究[J]. 地震学报，1995；17(4)：477-481.

[102] 辛可锋，等. 地层等效吸收系数反演[J]. 石油物探，2001，40(4)：14-20.

[103] RAINNER TONN. Comparison of seven methods for the computation of Q[J]. Physics of the earth and planetary in teriors，1989：259-268.

[104] 陈爱萍，邹文，刘天佑. 共中心道集中品质因子的估计及应用[J]. 勘探地球物理进展，2004，27(1)：32-35.

［105］李淑宁,刘荣.利用 VSP 资料研究地层吸收衰减规律［J］.石油物探,1992,38(4)：114-119.

［106］刘学伟,邰圣宏,何樵登.一种考虑噪声干扰的地表风化层 Q 值反演方法［J］.石油地球物理勘探,1996,31(3):367-373.

［107］陈爱萍,邹文,刘天佑.共中心道集中品质因子的估计及应用［J］.勘探地球物理进展,2004,27(1):32-35.

［108］马绍军,刘洋.地震波衰减反演研究综述［J］.地球物理学进展,2005,20(4)：1074-1082.

［109］徐彦.Q 值研究动态［J］,地震研究,2004,27(4):385-389.

［110］俞寿朋.高分辨率地震勘探［M］.北京:石油工业出版社,1994.

［111］RAFAEL GUERRA.Scott Leaney.Q(z) model building using walkaway VSP data［J］.Geophysics,2006,71(5):127-132.

［112］YOULI QUAN,JERRY M HARRISY.Seismic attenuation tomography using the frequency shift method［J］.Geophysics,1997,62(3):895-905.

［113］杨宇山,李媛媛,刘天佑.Walkaway 井地联合地震资料 Q 值波形反演方法［J］.石油天然气学报(江汉石油学院学报),2009,31(2):53-58.

［114］王德志,刘天佑,肖都建.三维井地联合 Walkaway VSP 技术及其在泌阳凹陷的应用［J］.地质科技情报,2007,26(3):95-99.

［115］王玉贵.Walaway VSP 技术在大庆油田的应用研究［D］.北京:中国地质大学(北京),2009.